妈妈的 面包机：
家常菜面包烘焙

[日] 荻山和也 著　　曹惊喆等 译

中国水利水电出版社
www.waterpub.com.cn

CONTENTS

目 录

PART 1

超足量的家常菜面包

首先做火腿卷

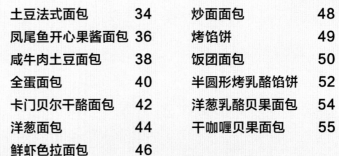

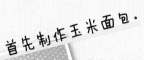
首先制作玉米面包。

PART2

家常菜主食面包

PART3

"要花点时间"的家常菜主食面包

首先制作鲜虾味面包。

本书使用的面包机型号是松下SD-BMS104（1斤用）。

本书面包面胚所有材料以g为单位表示。凡不能以g为测量单位的材料，则以一大勺（15ml）、一小勺（5ml）来表示。

微波炉是使用600W时的标准时间。根据微波炉型号的不同存在些许偏差。

烤箱的烘焙时间为标准时间。根据烤箱型号的不同存在些许偏差。请参考记载的时间，烤制时要留意面包的状态。

使用烹饪家电时遵照说明书，避免烫伤。

本书刊登的全部都是使用干燥酵母粉制作的面包。

面包房的面包在家就能制作!

因为是在家制作，所以安全、安心、而且简单。
每天都想吃家做的"家常菜面包"。
根据食用者的喜好、健康和发育来烹饪料理，
正是只有亲手做才有的乐趣。
当然有自信比面包房的味道更好。
一定会被大家交口称赞的。

披萨

培根蜗形面包卷

乳酪虎皮面包

饭团面包

简直 就像面包房一样！

我爱 面包

松软香草橄榄油面包

维也纳香肠卷

挑战迷你面包！！

可以自由地改变面包大小，试着做家常菜面包，真的很有趣。
尝试将普通大小的面包改造成迷你型。
如果是一口大小的尺寸，孩子们自己也可以大口大口地吃，非常快乐。
这是只有自家做的面包才有的乐趣。

维也纳香肠卷

孩子的

爸爸妈妈的

迷你维也纳香肠卷

【食材】（8个份）
· 维也纳香肠卷的
  面胚 6 等份中的 1 个
· 香肠　　　　8 根

【做法】
①将面胚切分成 8 个，然后搓圆，醒面 5 分钟。
②抻成 10cm 的棍状，在香肠上打结，将烤箱的发酵功能设定在 40℃，发酵 30 分钟。
③在预热到 180℃的烤箱中烤制 8 分钟。

维也纳香肠卷的做法在第16页

迷你香草橄榄油面包

【食材】（3个份）
· 香草橄榄油面包面胚 6 等份中的 1 个
· 装饰食材　　　　　　适量
  （小番茄、芦笋、熟玉米粒等喜欢的食材）
· 橄榄油　　　　　　　适量
· 披萨用乳酪　　　　　适量

【做法】
①将面胚切分成 3 个，然后搓圆，醒面 5 分钟。
②用手按压数回排出气体，然后整平。将烤箱的发酵功能设定在 40℃，发酵 30 分钟。
③在面包表皮涂上橄榄油，用手指在面包上戳孔，放上装饰用食材、披萨用乳酪。
④在预热到 190℃的烤箱中烤制 8 分钟。

香草橄榄油面包

孩子的

爸爸妈妈的

香草橄榄油面包的做法在第30页

油炸面包

爸爸妈妈的

孩子的

迷你油炸面包

【食材】（3个份）
· 咖喱面包面胚 6 等份中的 1 个
· 肉丸子（市场有售）3 个
· 蛋液、面包粉适量

【做法】
①将面胚切分成 3 个，然后搓圆，醒面 5 分钟。
②将 1 个肉丸子插在木质叉子上，再用面胚包裹，涂上蛋液，沾上面包粉，然后盖上湿布，在室温下发酵 20 分钟。
③在 170℃的油中炸 3 分钟。

油炸面包（咖喱面包）的做法在第56页

挑战面包包装！

完美地将家常菜面包烤制完成后，送给别人做礼物怎么样？
机会难得，试试看饱含心意的手工包装吧。
赠送装饰得很可爱的家常菜面包的话，对方一定会很开心！

关键 1　使用空盒子

空盒子的话推荐圆柱形的。可以包装得很漂亮。

【要准备的道具】
·圆柱形的盒子
·缎带
·2 种包装纸
·蜡纸

【做法】

①按照箱子的高度剪裁包装纸，然后将包装纸绕圆柱形盒子包一圈，重叠的部分用双面胶粘紧。

②将配合盖子剪裁的包装纸贴在盖子上，再用刀在包装纸左右各划一个口子，将缎带穿过开口，绑上蝴蝶结。

完成！

关键 2　使用餐具

一次性的餐具也能够做成高大上的包装！
想赠送 1 个家常菜面包的时候请一定试试看。

【要准备的道具】
·纸盘
·一次性餐具
·缎带
·包装纸
·透明袋
·遮蔽胶带

【做法】
①在纸盘左右 2 处各剪 2 个口子，将缎带交叉穿过开口做出圆圈，再放入餐具绑上蝴蝶结。
②将面包放在纸盘上，再整个放入装有包装纸的透明袋中。透明袋内侧用遮蔽胶带固定。

关键 3　使用纸袋

做成手袋式的包装。
挑战一下让收到礼物的人方便拿回去的方法。

【要准备的道具】
·纸袋
·花边纸
·纸细绳
·木夹（带图案）
·贴纸

【做法】
①将面包放入纸袋中，将纸细绳夹在袋口然后折叠，再盖上花边纸用木夹固定。纸细绳提到上面再绑上蝴蝶结。
②将写有留言的贴纸贴在纸袋中心。

家常菜面包的小秘密！

我们汇总了家常菜面包制作的常见问题。
开始制作前先一起看看吧！

问题 ① 家常菜面包的保质期

第9页～第71页中介绍的"家常菜面包"，保质期是包含制作当日在内的3天。放入保鲜膜和袋子中常温保存。请不要放入冰箱中。冰箱温度对面包来说并不适宜。从第73页开始介绍的"家常菜主食面包"可以冷冻保存。将切成薄片的面包用保鲜膜包好，装入密封袋中。尽量在一个月内吃完。

问题 ② 怎样判断面包是否烘焙完成？

用烤箱烘焙家常菜面包的话，就通过面包背面来判断。如果背面也变成了焦黄色的话就可以了。但是如果还没有到这种颜色，那么需要延长烘焙时间再看看具体样子。

问题 ③ 主食面包的切面有洞

第73页～第85页介绍的"家常菜主食面包"，因为是用面包机烤制，所以会残留面包机搅拌片的痕迹。出现洞是正常现象，所以请不要担心。

问题 ④ 面胚黏在手上很难成形

可以试试在面胚上撒上少量高筋面粉，然后用擀面杖擀压。但是，需要注意如果加入了太多面粉，可能会造成面胚的粘稠度低。

问题 ⑤ 黄油是有盐好？还是无盐好？

在面包机中使用的黄油，有盐可以，无盐也可以。另外因为面包机会充分地搅拌均匀，所以没有必要使黄油恢复到室温状态。

问题 ⑦ 我现在有的面包机是以前的型号了，也一样可以做吗？

虽然本次使用的是松下的"SD-BMS104"型面包机，但是本书介绍的家常菜面包可以使用各种各样的机器型号制作。详细内容请您参考面包机的使用说明书。

问题 ⑥ 有一部分烤焦了？？

仔细看在烤箱中烤制好的面包，会发现即使是一样的面包，也会出现烘焙颜色不均的现象。这个是烤箱的问题，根据放置地点不同，火力也有强弱差别。所以如果能知道自己烤箱的特性就会更好一些。

那么，就让我们开始烘焙吧！

 **用面包机做成的面胚来制作**

超足量的家常菜面包

接下来我们介绍使用面包机做成的面胚来制作家常菜面包。
包入面胚中的家常菜也能简单做成，本书都是这样的面包食谱。
做法按照类别分成卷、放、包等。

火腿卷

接下来以面包房中常见的火腿卷为例,详细说明烤制的所有步骤。首先通过做这个面包,把家常菜面包的基本流程都记住吧!

食材 6个份

【面胚食材】

高筋面粉	200g
盐	3g
砂糖	20g
黄油	20g
鸡蛋	20g
水	106g
干燥酵母粉	3g

【成形时添加的食材】

火腿	6片

【装饰食材】

蛋液	适量
披萨用乳酪	60g
干荷兰芹	适量

面包机的 设定

菜单号	13(面包面胚)
葡萄干	无

使用松下 SD-BMS104。

《面包机的使用方法》

在PART1中,揉制面胚并使其发酵是面包机的工作。蜂鸣就是说明面胚发酵完成了。

做法

1 安装面包机搅拌片

将面包机附带的搅拌片安装好。

2 称量食材

将面包箱放在电子秤上,将显示屏设定为"0",一个一个称量【面胚食材】,然后放入面包箱中。

3 将面包箱放回面包机

除了干燥酵母粉以外的【面胚食材】都放入以后,将面包箱放回面包机。

有葡萄干的情况

当本书食谱中写到"有葡萄干"时,制作面胚的时候,关上中间的盖子,在左侧的"葡萄干·坚果容器"中放入具体食材。

火腿卷的面胚食材

面胚是甜味面包和家常菜面包都很适合的基本搭配。
鸡蛋和黄油的比例非常均衡，不会让人感到腻。

高筋面粉
有国产、外国产等很多种类。本书使用的是外国产小麦制作的"山茶""鹰"牌面粉。

砂糖
使用上等白糖。这样可以激活酵母粉的作用。如果有凝结体的话，敲碎后放入面包箱使用。

酵母粉
可以产生让面包膨胀的气体。使用了无需提前发酵的干燥酵母粉。

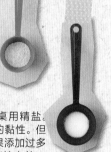

黄油
黄油可以给面包提味，增加面包的延展性。无论使用无盐还是有盐的黄油都可以做出好吃的面包。本书中使用了有盐黄油。

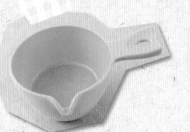

鸡蛋
将中等大小的鸡蛋搅拌均匀后使用。
可以使面胚极其细腻且具有松软口感。

水
使用自来水。使用矿物质水的话，如果是软水面胚就会变得过于柔软，硬水的话面胚就会比较硬，所以需要调整。

盐
本书使用了餐桌用精盐。可以增加面胚的黏性。但是需要注意如果添加过多会导致面包膨胀性变差。

注意点 面包机根据厂商和型号的不同，功能会有差异。详细内容请参考面包机的使用说明书。在本书刊登的全部都是使用干燥酵母粉制作的面包。

4 放入干燥酵母粉

关上中间的盖子，将干燥酵母粉放入酵母粉容器中。

5 启动

关上上面的盖子，选择"菜单第 13 号（面包面胚菜单）"，然后启动。

有葡萄干的情况

选择"菜单第 13 号（面包面胚菜单）"后，按"葡萄干：选择"选项，然后选择"有"，再启动。

6 交给面包机完成

面包机会自动混合面粉，使其发酵。一次发酵完成后，面包机会蜂鸣，表示发酵完成了。

火腿卷成形中要使用到的食材和道具

终于要开始制作火腿卷的外形了。
最重要的诀窍是不要太在意细节，直接按照步骤完成。

食材

火腿

蛋液
作为润色食材，使用毛刷涂抹，目的是让面包面胚富有光泽。

披萨用乳酪

干荷兰芹

道具

刮板
用于切分面胚的刀具。有不锈钢、塑料等各种材质的。也可以使用刀代替。

布
用水沾湿拧干后使用。可以防止面胚干燥。

面包烘焙垫
一般使用帆布材质的。面包机发酵的面包比手揉和的面胚要更柔软一些，所以成形的时候如果有面包烘焙垫就会很方便。也可以用砧板代替。

毛刷
润色时用于涂抹蛋液。使用后要用沸水消毒然后背阴处晾干。

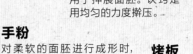

擀面杖
用于抻展面胚。诀窍是用均匀的力度擀压。

手粉
对柔软的面胚进行成形时，为了使其更易处理，可以使用适量的高筋面粉。但是如果使用过多，面胚的粘稠度就会比较低。

烤板
在烤板上铺上烘焙纸再使用。在本书中像披萨这种比较大的面包一般使用2块烤板。

1 切分面胚

当面包机蜂鸣时就是发酵完成的信号，这个时候按下面包机的取消键。

①打开面包烘焙垫，撒上手粉。

②将面包箱从面包机中取出，把面胚放在面包烘焙垫上。

③用手揉压数次排出气体。

④从身体正前方开始向外侧一层一层地卷。

⑤用刮板切分成6个。

⑥将面胚搓圆至外表皮像绷了一张膜一样。

⑦空出间隔将6个排列在一起，盖上湿布醒面8分钟。

中间醒发是指？

在对面胚进行成形之前，让面胚醒发的时间，就叫做"中间醒发"。通过中间醒发，可以使面胚延展性更好，用擀面杖擀压也会更容易。

卷面胚 & 剪花纹

使用擀面杖或者手抻展开的面胚，可以用来包裹家常菜、或者剪出面包花纹，再进行烘焙步骤。让我们记住各种各样的卷面包方法吧。

2 成形

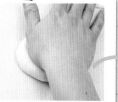

①用手轻轻按压面胚排出气体。

②将擀面杖前后移动，擀成厚薄均匀的圆形。

③将面胚翻一面，背面也一样用擀面杖辗压抻展。

④在面胚上放上火腿。将面胚抻展到比火腿大一圈就可以了。

⑤从身体正前方开始向外侧一层一层卷。

⑥卷完后紧紧按压接口处粘好。

⑦竖着对折。

⑧将面胚两端粘紧封口。

⑨将封口置于上面，从上到下使用刮板竖着划一道口子，底部留 1/3 面胚不切断。

⑩将封口置于下面，然后将开口向左右展开，放在铺有烘焙纸的烤板上。同样方法再做 5 个。

3 发酵

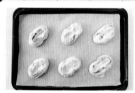

将烤箱的发酵功能设定到 40℃，将面胚放入烤板。再将铺有热水的平板放在下面一层，使面胚发酵 30 分钟。

发酵中湿度非常重要!!

发酵过程中，将 70℃ 左右的热水铺 1～2cm 在平盘上，然后随面胚一起放入烤箱。可以防止面胚干燥，做出更美味的面包。

※ 也有不需要增加湿度的面包。

4 润色后烤箱烤制

发酵完成后，取出烤板，将烤箱设定为预热到 180℃。在面胚表面涂抹蛋液，放上 10g 乳酪，撒上干荷兰芹。预热完成后，在烤箱中烤制 13 分钟。

5 冷却

烘焙完成后，将面包放在蛋糕冷却器上，冷却到人体温度。

烘焙完成后是这种感觉

乳酪烤得恰到好处，看起来超美味的火腿面包。
成形也很简单，即使是初学者也能非常顺利地做出来。

培根和芥末粒让人移不开视线!
份量超足的旋涡状面包。

培根蜗形面包卷
"Bacon Roll"

面包机的
设定
<基本操作参考P.10>

菜单号	13（面包面胚）
葡萄干	无

14

{ 卷了一圈后，边将面胚拖回身边，边继续卷吧。
在卷完的接口处，如果出现培根从面胚中露出来的情况，就重新卷。
可以一次就漂亮地卷好哦！ }

**卷面包&
剪花纹**

食材　6个份

【面胚食材】		【成形时添加的食材】	
高筋面粉	200g	芥末粒	30g
干罗勒	1g	培根（切薄片）	5片
盐	3g		
砂糖	15g	【装饰食材】	
黄油	15g	蛋液	适量
鸡蛋	15g	色拉	适量
水	110g		
干燥酵母粉	3g		

家常菜面包必需品

【培根】

烤得恰到好处的培根的酥脆口感，是家常菜面包中不可或缺的。有薄片，也有块状的培根，可以根据用途来选择。这次使用的薄片培根，在卷进面胚中时非常重要。块状培根则多用于有嚼劲的面包。

做法

1 制作面胚

将【面胚食材】放入面包箱。参考"面包机的设定"进行设定，然后启动。程序完成后，取出面胚，用手轻轻按压排出气体，然后搓圆，再盖上湿布醒面15分钟。

2 成形

①用手轻轻按压面胚排出气体，用擀面杖抻成长25cm×宽20cm的长方形，留1cm左右的边缘，其他地方涂上芥末粒。

②在面胚上放上5片均等的培根。

③从身体前方开始向外侧一层一层地卷。

④紧紧按压接口处粘好，再用单手滚动面胚使面胚的厚薄均匀，里面的馅料融合。

⑤用刀将面胚切分成6个，放在铺有烘焙纸的烤板上。

3 发酵

将烤箱的发酵功能设定到40℃，发酵30分钟。

4 润色后烤箱烤制

取出烤板，将烤箱预热到180℃。在面胚表面涂抹蛋液，挤上色拉。预热完成后，在烤箱中烤制13分钟。

孩子们最喜欢的维也纳香肠。
最适合作为下午3点的点心！！

维也纳香肠卷
"Vienna Sausage Roll"

食材 6个份

【面胚食材】

强筋面粉	200g
乳酪粉	10g
盐	3g
砂糖	20g
黄油	20g
水	140g
干燥酵母粉	3g

【成形时添加的食材】

维也纳香肠	6根

【装饰食材】

蛋液	适量

面包机的
设定
<基本操作参考P.10>

菜单号	13（面包面胚）
葡萄干	无

将面胚抻展成棍状的时候，不要使用双手，要用单手滚动使面胚横向抻展开来。
这样做的话，可以使面胚抻展成均匀的大小，漂亮地进行缠绕步骤。

做法

1 制作面胚

将【面胚食材】放入面包箱。参考"面包机的设定"进行设定，然后启动。程序完成后，取出面胚，用手轻轻按压排出气体，切分成6个后搓圆，再盖上湿布醒面8分钟。

2 成形

①用手轻轻按压面胚排出气体，将下半部分朝中间折叠，再粘好。

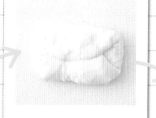

②上半部分也朝中间折叠，然后粘好。

③再对折，紧紧按压接口处粘好。

④单手滚动，抻展成30cm的棍状。

⑤使面胚在维也纳香肠上卷一个圈。

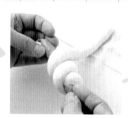

⑥拿着维也纳香肠的两端，通过旋转维也纳香肠来使面胚缠绕在上面。

⑦将面胚卷尾巴塞入面胚中，放在铺有烘焙纸的烤板上。同样方法再做5个。

3 发酵

将烤箱的发酵功能设定在40℃，发酵30分钟。

4 润色后烤箱烤制

取出烤板，将烤箱设定为预热到180℃。预热完成后，在面胚表面涂抹蛋液，在烤箱中烤制13分钟。

成品是这个样子

这款面包的面胚烘培时会大大地膨胀成壶形。如果卷得太紧的话就会失败。因此要记住要松松地卷在维也纳香肠上。

筒状鱼卷和面包?
令人意外的搭配

筒状鱼卷面包
"Fishcake Tube Bread"

面包机的
设定
<基本操作参考P.10>

菜单号	13（面包面胚）
葡萄干	无

食材 6个份

【面胚食材】

高筋面粉	200g
盐	3g
砂糖	20g
黄油	20g
鸡蛋	20g
水	110g
干燥酵母粉	3g

【成形时添加的食材】

＜金枪鱼筒状鱼卷＞

筒状鱼卷		6根
A	金枪鱼	100g
	色拉	30g

【装饰食材】

蛋液	适量

准备篇

制作金枪鱼筒状鱼卷
将食材A混合，制作金枪鱼酱，再将金枪鱼酱填入竖着划有切口的筒状鱼卷。

做法

1 制作面胚

将【面胚食材】放入面包箱。参考"面包机的设定"进行设定，然后启动。程序完成后，取出面胚，用手轻轻按压排出气体，切分成 6 个后搓圆，再盖上湿布醒面 8 分钟。

2 成形

①用手轻轻按压面胚排出气体，用擀面杖抻展成长 8× 宽 10cm 的椭圆形，然后将筒状鱼卷摆入面团中央。

②拿起身前的面团开始滚动，一层一层地卷动。牢牢按压住面胚卷的接口封住，放入铺有烘焙纸的面板上摆盘。同样方法做 5 个。

3 发酵

将烤箱的发酵功能设定到 40℃，发酵 30 分钟。

4 润色后烤箱烤制

取出面板，将烤箱预热设定为 180℃。预热完成后，涂上蛋液，用烤箱烤制 13 分钟。

油炸丸子面包
"Croquette Bread"

烤得恰到好处的辣酱香味
让人欲罢不能！！

食材 6个份

【面胚食材】		【成形时添加的食材】	
高筋面粉	200g	油炸饼（市场有售）	3个
盐	3g	炸猪排辣酱	适量
砂糖	16g		
黄油	16g		
水	135g		
干燥酵母粉	3g		

面包机的 **设定**
<基本操作参考P.10>

菜单号	13（面包面胚）
葡萄干	无

做法

1 制作面胚

将【面胚食材】放入面包箱。参考面包机的设定"进行设定，然后启动。程序完成后，取出面胚，用手轻轻按压排出气体，切分成6个后搓圆，再盖上湿布醒面8分钟。

2 成形

①用手轻轻按压面胚排出气体，用擀面杖抻展成长10×宽8cm的椭圆形。

②油炸饼对半切，然后在油炸饼的一面涂上炸猪排辣酱。

③油炸饼的切口朝面胚中央放置，将涂有辣酱的一面朝下放在面胚的上半部分。

④从下往上折叠面胚，以稍微露出一些油炸饼的方式包裹面胚，牢牢捏住两端粘紧，再将面包放入铺有烘焙纸的面板上摆放好。同样方法做5个。

3 发酵

将烤箱的发酵功能设定到40℃，发酵30分钟。

4 烤箱烤制

取出面板，将烤箱预热设定为180℃。预热完成后，用烤箱烤制13分钟。

玉米的甘甜和色拉的酸味
是天生一对

玉米色拉面包
"Corn Mayonnaise Bread"

面包机的
设定
<基本操作参考P.10>

菜单号	13（面包面胚）
葡萄干	无

20

在开口放置玉米这个步骤即使重复很多次，也不用担心。习惯之后就可以毫不费力地摆放好了。不断尝试直到抓住诀窍吧！

食材 6个份

【面胚食材】

高筋面粉	200g
盐	3g
砂糖	15g
黄油	15g
水	125g
干燥酵母粉	3g

【放入葡萄干·坚果容器的食材】

熟玉米粒	30g

【装饰食材】

熟玉米粒	90g
色拉	适量
披萨用乳酪	60g

面包的知识 【coupe 形】

将这款面包的形状叫做 coupe 形，是指中间有一道划口的纺锤形小面包。据说是从 coupe 面包演变而来，因为在法语中的"coupe"有"被切开的，被剪开的"的意思。

做法

1 制作面胚

将【面胚食材】放入面包箱，熟玉米粒放入葡萄干·坚果容器中。参考"面包机的设定"进行设定，然后启动。程序完成后，取出面胚，用手轻轻按压排出气体，切分成 6 个后搓圆，再盖上湿布醒面 8 分钟。

2 成形

①用手轻轻按压面胚排出气体，从左侧开始向中心斜着折叠。

②右侧也一样向中心斜着折叠，做成扇形。

③从身体前面开始向外侧卷，牢牢按压住粘紧。将封口朝下，再用单手轻轻地滚动，整理成 coupe 形，再放入铺有烘焙纸的烤板上。同样方法再做 5 个。

3 发酵

将烤箱的发酵功能设定到 40℃，发酵 30 分钟。

4 润色后烤箱烤制

取出烤板，将烤箱设定为预热到 180℃。用刀在面胚中间划出约 1.5cm 深的口子。在开口中放入 15g 的玉米粒，挤上色拉。

②在面胚上放上 10g 披萨用乳酪，预热完成后，在烤箱中烤制 13 分钟。

再撒上喜欢的干荷兰芹，就能让面包更漂亮。

想大吃一顿的时候，极力推荐这款面包
培根相当有嚼劲儿！

培根色拉面包

"Mayonnaise Bacon Bread"

{ 将面胚折成 U 字形的话，中间会稍显凹陷，因此可以在里面放上培根。
面包可以装饰得很漂亮，并且食材不会往下掉。 }

食材 6个份

【面胚食材】

高筋面粉	200g
盐	3g
砂糖	20g
色拉	20g
水	125g
干燥酵母粉	3g

【装饰食材】

培根（切块）	180g
色拉	适量
披萨用乳酪	60g
黑胡椒	适量

面包机的 设定

<基本操作参考P.10>

菜单号	13（面包面胚）
葡萄干	无

做法

1 制作面胚

将【面胚食材】放入面包箱。参考"面包机的设定"进行设定，然后启动。程序完成后，取出面胚，用手轻轻按压排出气体，切分成 6 个后搓圆，再盖上湿布醒面 8 分钟。

2 成形

①用手轻轻按压面胚排出气体，将上半部分朝中间折叠，下半部分也朝中间折叠，然后粘好。

②再对折，紧紧按压然后封口。

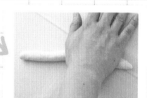

③用单手滚动，抻成 23cm 的棍状。

④将面胚弯折成 U 字形，轻轻捏住两端粘紧，然后放入铺有烘焙纸的烤板上。同样方法再做 5 个。

3 发酵

将烤箱的发酵功能设定到 40℃，发酵 30 分钟。

4 润色后烤箱烤制

①取出烤板，将烤箱设定为预热到 180℃。每个面胚放上 30g 切成 1cm 方形的培根，再挤上色拉。

②每个面胚上放上 10g 披萨用乳酪，撒上黑胡椒。预热完成后，在烤箱中烤制 13 分钟。

切分后是这种感觉

本次使用块状培根，制作了有嚼劲的家常菜面包。为了更好的口感，将培根切成了 1cm 的大块长方体。

放上金枪鱼&色拉&乳酪
分量十足!

金枪鱼色拉面包
"Tuna Mayonnaise Bread"

食材 6个份

【面胚食材】

高筋面粉	200g
盐	1g
砂糖	20g
黄油	20g
鸡蛋	20g
番茄汁	135g
干燥酵母粉	3g

【装饰食材】

<金枪鱼色拉>

金枪鱼	100g
色拉	50g
蛋液	适量
煮鸡蛋(切薄片)	
	2个(12片)
软化乳酪片	6片

面包机的 **设定**

<基本操作参考P.10>

菜单号	13(面包面胚)
葡萄干	无

—— **准备篇** ——

《制作金枪鱼色拉》
将金枪鱼和色拉混合。

面胚抻展成一头细的棍状。
这样就可以卷成漂亮的漩涡状，从而烤成漂亮的圆形。
一层一层地卷面胚时非常好玩！

做法

1 制作面胚

将【面胚食材】放入面包箱。参考"面包机的设定"进行设定，然后启动。程序完成后，取出面胚，用手轻轻按压排出气体，切分成 6 个后搓圆，再盖上湿布醒面 8 分钟。

2 成形

①用手按压面胚数次排出气体，面胚下半部分朝中间对折粘紧。

②上半部分也朝中间对折粘紧。

③再对折，牢牢捏住封口。

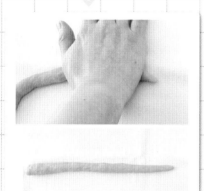

④单手滚动面胚，抻成一头逐渐变细的 30cm 的棍状。

⑤较粗的一头放在中央，然后再将面胚卷成漩涡状，尾巴黏在面胚侧面。将面胚放入铺有烘焙纸的烤板上摆盘。同样方法再做 5 个。

3 发酵

将烤箱的发酵功能设定到 40℃，发酵 30 分钟。

4 润色后 烤箱烤制

取出烤板，将烤箱预热设定为 180℃。在面胚上涂上蛋液，然后分别放上分成 1/6 份的金枪鱼色拉、煮鸡蛋 2 片、1 片薄片乳酪。预热完成后，用烤箱烤制 13 分钟。

切开后是这样的

加入了番茄汁的面团微微发红，看起来非常可爱。乳酪、鸡蛋和金枪鱼的对比激发我们的食欲。即使讨厌番茄的孩子也能吃得很香。

丝滑的奶油沙司，孩子和
大人都超级满足！

奶汁烤菜面包
"Gratin Bread"

食材 4个份

【面胚食材】

高筋面粉	200g
盐	3g
砂糖	16g
黄油	16g
鸡蛋	10g
水	115g
干燥酵母粉	3g

【成形时添加的食材】

＜奶汁烤菜＞

通心面	30g
黄油	15g
洋葱	1/4 个
培根（切薄片）	2 片
全麦粉	10g
白葡萄酒	1/4 杯
牛奶	1 杯
盐	1/2 小勺
黑胡椒	适量
乳酪	1 大勺

【装饰食材】

蛋液	适量
披萨用乳酪	80g
干荷兰芹	适量

面包机的
设定
＜基本操作参考P.10＞

菜单号	13（面包面胚）

葡萄干	无

准备篇《制作奶汁烤菜》

①在煎锅中放入黄油用中火加热，再将洋葱末、培根放入翻炒。

②洋葱炒软后，加入全麦粉，轻轻混合，再加入白葡萄酒。将牛奶分 2 ~ 3 回加入。

③然后加入盐、黑胡椒混合搅拌，出现粘稠物后，按表所示放入煮熟的通心面、乳酪，再仔细混合搅拌。

④将食材放入平盘中，使之完全冷却。

做法

1 制作面胚

将【面胚食材】放入面包箱。参考"面包机的设定"进行设定，然后启动。程序完成后，取出面胚，用手轻轻按压排出气体，将面胚切分成 6 个，再把其中的 2 个面胚对半切成 4 个。将面胚搓圆后，再盖上湿布醒面 8 分钟。

2 成形

①大的面胚用手轻轻按压排出气体，再用擀面杖抻展成直径 11cm 的圆形。

②小的面胚用手按压数次排出气体，朝中心折叠下半部分，再将上部分也朝中心折叠，再粘紧。

③再将步骤②的面胚对折，牢牢按压封口，然后单手滚动使面胚抻展成 40cm 的棍状。

④将抻展好的面胚的一端压扁。用压扁的面胚包裹另一端的面胚，再粘紧。

⑤拧成 8 字形，将 8 字形的圈叠在一起做成 2 层后，一圈一圈地旋转面胚使之伸展，做成奶汁烤菜的面托。

⑥将步骤⑤的面托放在步骤①的面胚上，使面胚重合，然后边展开面圈边按压，再将做好的面胚放入铺有烘焙纸的烤板上。同样方法再做 3 个。

3 发酵

将烤箱的发酵功能设定到 40℃，发酵 30 分钟。

4 润色后 烤箱烤制

①取出烤板，将烤箱设定为预热到 180℃。在面胚面托的部分涂抹蛋液。

②将全麦粉（份量外）附着在叉子上，在盛有奶汁烤菜的面胚上扎 3 处孔。

③将分成 4 等份的奶汁烤菜、20g 的披萨用乳酪分别放在面胚上。

④预热完成后，在烤箱中烤制 14 分钟。去热降温后在上面撒上干荷兰芹。

恰到好处的松脆口感！
家庭聚会时做做看怎么样？

香草鸡肉面包
"Herb Chicken Bread"

面包机的
设定
<基本操作参考P.10>

菜单号	13（面包面胚）
葡萄干	无

用叉子在面胚上扎孔是为了抑制面胚的膨胀。
也是产生松脆口感必要的步骤。
因为没有发酵时间，所以比看起来要更容易做一些。

食材 1份（16小片）

【面胚食材】

全麦粉	100g
盐	2g
砂糖	3g
橄榄油	20g
黄油	5g
鸡蛋	10g
普罗旺斯香草包	1/2 小勺
水	40g
干燥酵母粉	1g

【装饰食材】

< 香草鸡肉 >

鸡腿肉		1 个
A	普罗旺斯香草包	1 小勺
	橄榄油	3 大勺
	盐	1/2 小勺
	黑胡椒	少许
大蒜		1 瓣
橄榄油		适量
披萨用乳酪		65g
意大利式荷兰芹		适量

准备篇 《做香草鸡肉》

①将鸡腿肉分成 16 等份。将鸡腿肉、食材 A 和切薄片的大蒜放入冷冻袋中保存 10 分钟左右。

②将香草鸡肉随便放置在铺有烘焙纸的烤板上，再放入预热至 200℃的烤箱中烤制 8 分钟左右，然后冷却。

做法

1 制作面胚

将【面胚食材】放入面包箱。参考"面包机的设定"进行设定，然后启动。程序完成后，取出面胚，用手轻轻按压排出气体，然后搓圆，再盖上湿布醒面 8 分钟。

2 成形

①用手轻轻按压面胚排出气体，用擀面杖上下倾斜着擀压，伸成 22cm×30cm 的长方形。

②将面胚放置在铺有烘焙纸的烤板上，用叉子在整个面胚上扎孔。

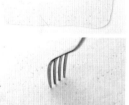

将面胚放入烤板的关键

将膨胀伸展开的面胚移到烤板上时，可以使用擀面杖，因为施加的力是均等的，所以面胚不容易破损。

③在整个面胚上涂上橄榄油，将香草鸡肉按照 4×4 的阵列等间隔地排列。

④在每个鸡肉上面随意地放上披萨用乳酪，以及 1 片意大利式荷兰芹。

3 在烤箱中烤制

将烤箱预热到 200℃。预热完成后，烤制 8 分钟。烤制完成后再将面包切分成 16 等份。

面包的知识
【普罗旺斯香草包】

普罗旺斯香草包是法国南部经常使用的混合香草。百里香、鼠尾草、迷迭香等香草以合适的配比混合在一起。即使少量使用也能产生浓郁的香味。

圆圆的面胚上，橄榄是重要的装饰
面包的表情真可爱

松软香草橄榄油面包
"Mochi mochi Focaccia"

面包机的
设定
<基本操作参考P.10>

菜单号	13（面包面胚）
葡萄干	无

{ 搓圆的面胚用擀面杖抻平。请注意力道。关键之一是戳的 5 个空也全部都不塞橄榄。搭配三明治也非常得美味。}

食材　6个份

【面胚食材】

高筋面粉	200g
盐	3g
砂糖	15g
橄榄油	15g
土豆（煮熟后粗略压碎）	70g
水	115g
干燥酵母粉	3g

【装饰食材】

橄榄油	适量
黑橄榄（无核）	4.5 个
迷迭香	适量
盐	适量

面包的豆知识

【软糯的口感】

香草橄榄油面包的隐藏食材是土豆。土豆的淀粉质感和面包面胚非常搭配，可以使面包产生软糯的口感。装饰推荐使用味道极搭的干番茄凤尾鱼。生西葫芦等食材。

做法

1 制作面胚

将【面胚食材】放入面包箱。参考"面包机的设定"进行设定，然后启动。程序完成后，取出面胚，用手轻轻按压排出气体，切分成 6 个后搓圆，再盖上湿布醒面 8 分钟。

2 成形

①用手轻轻按压面胚排出气体，然后搓圆。

面胚搓圆的关键

搓圆的时候，如果面胚内侧凹陷下去了的话（照片左上），将凹陷处两边牢牢地捏住粘紧。如果没有凹陷的话，就没有必要粘紧。

②用擀面杖将面胚抻展成 8cm 的圆形，然后放置在铺有烘焙纸的烤板上。同样方法再做 5 个。

3 发酵

将烤箱的发酵功能设定到 40℃，发酵 30 分钟。

4 润色后 烤箱烤制

取出烤板，将烤箱设定为预热到 190℃。在面胚表面涂抹橄榄油，用手指以指尖碰到烤板的程度在面胚上戳 5 个孔。

②黑橄榄以薄圆片的形式 1 个切分成 4 等份，然后再按照每 3 片随意插入步骤①的孔中。

③在面胚上撒上迷迭香、盐，预热完成后，烤箱中烤制 15 分钟。

在烤箱中烤制会使面包表面呈现出裂开的独特花纹。所以，装饰这一步粗略地涂抹没关系。一个一个不一样的裂纹更显机素可爱。

食材 6个份

【面胚食材】		【成形时添加的食材】	
高筋面粉	200g	披萨用乳酪	120g
盐	3g		
砂糖	16g	【装饰食材】	
黄油	20g	上新粉	50g
鸡蛋	10g	干燥酵母粉	2g
水	120g	盐	1g
		砂糖	2g
干燥酵母粉	3g	水	45ml
		色拉油	10g

准备篇 《做装饰用面胚》

①在碗中放入除水、色拉油之外的其他食材后轻轻搅拌，然后放入水，充分搅拌至光滑。

②加入色拉油，用橡胶刮刀搅拌到可以涂抹的硬度为止，如果太硬的话则再加点水。

做法

1 制作面胚

将【面胚食材】放入面包箱。参考"面包机的设定"进行设定，然后启动。程序完成后，取出面胚，用手轻轻按压排出气体，切分成6个后搓圆，再盖上湿布醒面8分钟。

2 成形

①用手轻轻按压面胚排出气体，然后平整面胚，在面胚中央放上20g披萨用乳酪。

②边用手指将披萨用乳酪按压进去，边将面胚从下往上聚拢包好，牢牢按压后封口。将封口置于下面然后放入铺有烘焙纸的烤板上。同样方法再做5个。

③将分成6等份的装饰用面胚涂在面包面胚上面，再用橡胶刮刀涂抹均匀。

3 发酵

将烤箱的发酵功能设定到40℃，发酵30分钟。

4 润色后烤箱烤制

取出烤板，将烤箱预热到180℃。预热完成后，将喷雾喷洒到整个面胚上，再在烤箱中烤制14分钟。

面包的豆知识 【虎皮面包】

虎皮面包是指涂抹在面包表面的装饰面胚的外观。通过烘培之前在装饰面胚表面喷雾，来使面包的膨胀速度变缓。从而让面包面胚的膨胀速度快于装饰面胚，由此装饰面胚产生裂纹，漂亮地呈现出锯齿状的花纹。

外皮松脆
面包芯松软且饱含乳酪

乳酪虎皮面包
"Cheese Dutch Crunch"

面包机的
设定

<基本操作参考P.10>

菜单号	13（面包面胚）
葡萄干	无

33

新出炉的土豆
咕噜噜地滚出来

土豆法式面包
"Potato French Bread"

面包机的

设定

<基本操作参考P.10>

菜单号	13（面包面胚）
葡萄干	无

食材 6个份

【面胚食材】

法式面包专用粉	200g
盐	4g
砂糖	6g
水	135g
干燥酵母粉	3g

※法式面包专用粉使用了
LYS DOR牌。

【成形时添加的食材】

<土豆和色拉>

土豆（中等大小）		3 个
培根（切薄片）		1 片
A	芥末粒	2 小勺
	盐	少许
	胡椒	少许

【装饰食材】

色拉	适量

准备篇
《做土豆色拉》

将土豆削皮，每个分成4等份，再煮熟
控干水分。培根切成宽1cm的薄片，用煎
锅翻炒，然后再将土豆、培根和食材A
搅拌调和。

做法

1 制作面胚

将【面胚食材】放入面包箱。
参考"面包机的设定"进行设
定，然后启动。程序完成后，
取出面胚，用手轻轻按压排
出气体，切分成6个后搓圆，
再盖上湿布醒面8分钟。

2 成形

①用手按压面胚数次排出
气体，然后整平。在面胚
中间放上土豆和色拉（土
豆2个）。

②边按压土豆，边沿着
土豆从下而上聚拢面胚
包裹。

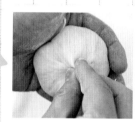

③牢牢压住住封口。将封口
置于下面，再放入铺有烘
焙纸的烤板上。同样方法再
做5个。

3 发酵

将烤箱的发酵功能设定到
35℃，发酵40分钟。
※ 这款面包发酵时无需增加湿度。

4 润色后
烤箱烤制

①取出烤板，将烤箱预热设
定为200℃。然后在面胚中
间划十字切口，再在开口上挤
上色拉。

②预热完成后，在烤箱
中烤制13分钟。

烘焙成品是
这种感觉

有着圆圆洋葱造型的可爱土豆法
式面包。在划有十字切口的地方
使劲挤上色拉的话，内馅就不会
漏到面胚外了。

可以做下酒菜的，有一点点大人口味的面包！

凤尾鱼开心果酱面包

"Anchovy Pistachio"

做法

1 制作面胚

将【面胚食材】放入面包箱。参考"面包机的设定"进行设定，然后启动。程序完成后，取出面胚，用手轻轻按压排出气体，切分成6个后搓圆，再盖上湿布醒面8分钟。

2 成形

①用手按压面胚数次排出气体，然后平整面胚。再在面胚中间放4g开心果、10g披萨用乳酪。

③从身体前方开始一层一层地往外侧卷，牢牢按压住面胚卷的接口封住。

③用单手滚动面胚抻展为20cm的棍状，然后放置在铺有烘焙纸的烤板上。同样方法再做5个。手抓高筋面粉（份量外）撒在整个面胚上。

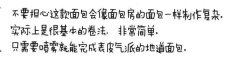

不要担心这款面包会像面包房的面包一样制作复杂。
实际上是很基本的卷法，非常简单。
只需要喷雾就能完成表表气派的地道面包。

食材 6个份

【面胚食材】

高筋面粉	200g
盐	4g
砂糖	10g
橄榄油	20g
凤尾鱼	8g
水	130g
干燥酵母粉	3g

【成形时添加的食材】

开心果	24g
披萨用乳酪	60g

家常菜的必备品

【开心果】

开心果独特的口感非常受欢迎，也被人们称为"坚果女王"。一般多用于点心制作以及下酒菜，但是和面包也非常搭。在面包面胚上加上开心果的绿色，切薄的切面也变得非常明亮，一下子提升了面包的华丽感。

面包机的

设定

〈基本操作参考P.10〉

菜单号	13（面包面胚）
葡萄干	无

3 发酵

将烤箱的发酵功能设定到35℃，发酵40分钟。

※ 这款面包发酵时无需增加湿度。

4 润色后烤箱烤制

取出烤板，将烤箱预热设定为200℃。预热完成后，用刀腹部在面胚中间划口子。然后对整个面胚喷雾，再在烤箱中烤制13分钟。

烘焙成品是这个感觉

润色环节划的口子展开来，就像法式面包一样。划口的话，使用刀腹部，以和面胚平行的角度流畅地划开，面胚不会粘刀，打造漂亮的外观。

面胚里面包着满满的咸牛肉
太解馋了！

咸牛肉土豆面包
"Corned Beef Potato Bread"

面包机的
设定
<基本操作参考P.10>

菜单号	13（面包面胚）
葡萄干	无

{ 这款面包先用面胚包裹家常菜，再对面胚进行压平成形。
注意不要用力过猛，要轻轻地按压。 }

食材 5个份

【面胚食材】

高筋面粉	200g
盐	3g
砂糖	20g
鸡蛋	20g
咸牛肉罐头	30g
水	110g
干燥酵母粉	3g

【成形时添加的食材】

< 咸牛肉土豆 >

土豆（中等大小）		3 个
A	咸牛肉罐头	100g
	盐	少许
	黑胡椒	少许
	色拉	1 大勺

【装饰食材】

蛋液	适量

准备篇

《做咸牛肉土豆》

土豆煮熟到竹签可以轻松戳入的程度，然后剥皮，粗略地压碎后，再完全冷却。再将土豆和食材 A 混合调味。

做法

1 制作面胚

将【面胚食材】放入面包箱。参考"面包机的设定"进行设定，然后启动。程序完成后，取出面胚，用手轻轻按压排出气体，切分成 5 个后搓圆，再盖上湿布醒面 8 分钟。

2 成形

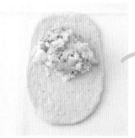

①用手轻轻按压面胚排出气体，用擀面杖将面胚抻成长 15cm× 宽 11cm 的椭圆形。将咸牛肉土豆分成 5 等份，再将其中一份放在面胚上，然后将面胚对折。

②轻轻用手按压面胚四周，使咸牛肉土豆不漏出来。

③再牢牢按压面胚边缘封口。

④拿着面胚，将封口置于正下方，用手自上而下按压整平。

⑤捏住面胚两端，整理形状。

3 发酵

用刀腹部在面胚上划 2 处开口，直到可以看见咸牛肉土豆，再将面胚放在铺有烘焙纸的烤板上。同样方法再做 4 个。将烤箱的发酵功能设定到 40℃，发酵 30 分钟。

4 润色后烤箱烤制

取出烤板，将烤箱预热设定为 180℃。预热完成后，在面胚表面涂抹蛋液，再在烤箱中烤制 13 分钟。

切分的时候
孩子们会露出开心的笑容

全蛋面包

"Whole Egg Bread"

面包机的
设定
<基本操作参考P.10>

菜单号	13（面包面胚）
葡萄干	无

将熟鸡蛋整个包入面胚中看起来似乎很难，但实际上却很简单，先将鸡蛋放在面胚上，然后将面胚向上聚拢着包裹鸡蛋就可以了。这种方法可以使培根不偏离鸡蛋，牢牢地包好。

包裹

食材 6个份

【面胚食材】		【成形时添加的食材】	
高筋面粉	200g	熟鸡蛋	6个
盐	4g	培根（切薄片）	3片
砂糖	15g		
黄油	15g	【装饰食材】	
黑胡椒	1/4小勺	色拉	适量
水	130g	披萨用乳酪	48g
干燥酵母粉	3g		

家常菜面包必需品
【熟鸡蛋】

将熟鸡蛋整个放入面胚中的话，口感非常好，会给你惊喜！
煮的时候用筷子咕噜噜地滚动锅中的鸡蛋，稍微花点时间，就能做成漂亮的蛋黄在蛋正中间的熟鸡蛋了。

做法

1 制作面胚

将【面胚食材】放入面包箱。参考"面包机的设定"进行设定，然后启动。程序完成后，取出面胚，用手轻轻按压排出气体，切分成6个后搓圆，再盖上湿布醒面8分钟。

2 成形

①用手轻轻按压面胚排出气体，用擀面杖擀成直径12cm的圆形。

②将切成半份的培根卷在熟鸡蛋的中间。

③将鸡蛋尖的部分置于下面，然后放在面胚中间，再将面胚从下往上聚拢着包裹鸡蛋。

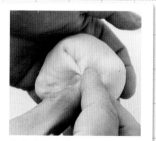

④牢牢按压封口，将封口置于下方，放入涂有黄油（份量外）的布丁模具（直径7.5cm，高4cm）中，再将模具放在烤板上。同样方法再做5个。

3 发酵

将烤箱的发酵功能设定到40℃，发酵30分钟。

4 润色后烤箱烤制

①取出烤板，将烤箱预热设定为180℃。用剪刀在面胚中央剪出十字形开口，大概是可以从外部看到熟鸡蛋的大小。

②在开口上挤上色拉，然后放上8g披萨用乳酪。预热完成后，在烤箱中烤制13分钟。

41

辛辣的黑胡椒
让人回味无穷

卡门贝尔干酪面包
"Camembert Bread"

面包机的
设定
<基本操作参考P.10>

菜单号	13（面包面胚）
葡萄干	无

42

{ 卡门贝尔干酪是有着浓厚味道的食材.
将卡门配合干酪卷入面胚, 使味道融合的操作大家也许会觉得很难.
但不用着急, 可以轻轻地滚动面胚来使味道均匀融合. }

食材 6个份

【面胚食材】

高筋面粉	180g
全麦粉	20g
盐	3g
砂糖	6g
水	135g
干燥酵母粉	3g

【成形时添加的食材】

卡门贝尔干酪	1整块
粗粒黑胡椒	适量

准备篇

《在卡门贝尔干酪上撒上黑胡椒》

将卡门贝尔干酪分成6等份, 在切面撒上黑胡椒。

面包的豆知识
【喷雾】

辛辣味面包即将烘培完成之前, 通过在面包表面喷雾, 可以产生内外的温差, 从而使表皮松脆, 内部细腻。

做法

1 制作面胚

将【面胚食材】放入面包箱。参考"面包机的设定"进行设定, 然后启动。程序完成后, 取出面胚, 用手轻轻按压排出气体, 切分成6个后搓圆, 再盖上湿布醒面8分钟。

2 成形

①用手轻轻按压面胚排出气体, 用擀面杖抻成直径10cm的圆形, 将卡门贝尔干酪尖端的部分朝下放置在面胚中间。

②将面胚左侧沿着卡门贝尔干酪折叠。面胚右侧也以同样方式折叠。

③边按着卡门贝尔干酪, 边从身体前面开始往外侧卷面胚, 牢牢按压住面胚卷的接口处, 再封好。

④从面胚中心开始滚动, 使面胚的厚度均匀, 然后放入铺有烘焙纸的烤板上。同样方法再做5个。

3 发酵

将烤箱的发酵功能设定到35℃, 发酵40分钟。
※这款面包发酵时无需增加湿度。

4 润色后烤箱烤制

①取出烤板, 将烤箱预热设定为200℃。用刀腹部在面胚中央划出可以隐约看见卡门贝尔干酪的开口。

②预热完成后, 在整个面胚上喷雾, 然后在烤箱中烤制15分钟。

洋葱的香味
弥漫在整个面胚中

洋葱面包
"Onion Bread"

LINEAR

TEMPERATURE EQUI

Water Freezes ....
Average Room .... 68°
Water Boils .... 212°

面包机的
设定
<基本操作参考P.10>

菜单号	13（面包面胚）
葡萄干	有

44

发酵前在面胚上涂上蛋液，再划出螺旋状的切口。
因为切口的部分没有涂上蛋液，所以烤制后就会出现不同的色差，
花纹看起来清晰漂亮。

食材 6个份

【面胚食材】	
法式面包专用粉	200g
盐	4g
砂糖	6g
橄榄油	20g
乳酪粉	15g
水	110g
干燥酵母粉	3g

【放入葡萄干·坚果容器的食材】

洋葱	90g

【成形时添加的食材】

维也纳香肠	6 根

【装饰食材】

蛋液	适量

切分后是这种感觉

小孩大人都非常喜欢的维也纳香肠。从面包里面露出很多圆溜溜的维也纳香肠，让人不由地就露出满足的微笑。

做法

1 制作面胚

将【面胚食材】放入面包箱。洋葱切碎末，不盖保鲜膜放入微波炉中加热 5 分钟，然后放入葡萄干·坚果容器中。参考"面包机的设定"进行设定，然后启动。程序完成后，取出面胚，用手轻轻按压排出气体，切分成 6 个后搓圆，再盖上湿布醒面 8 分钟。

2 成形

①用手按压面胚数次排出气体，整平后，在面胚中央放上切分成 4 等份的维也纳香肠。

②将面胚从下往上聚拢着包起来。

③牢牢捏紧封口，放置在铺有烘焙纸的烤板上。同样方法再做 5 个。

④在面胚表面上涂上蛋液，用刀从外向内，以螺旋状切口子。

3 发酵

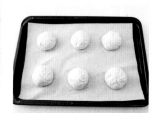

将烤箱的发酵功能设定到 35℃，发酵 40 分钟。
※ 这款面包发酵时无需加湿度。

4 在烤箱中烤制

取出烤板，将烤箱设定为预热 180℃。预热完成后用烤箱烤 14 分钟。

一口可以吃掉一个
这样尺寸的面包让人非常开心

鲜虾色拉面包

"Shrimp Mayonnaise Bread"

面包机的

设定

<基本操作参考P.10>

菜单号	13（面包面胚）
葡萄干	有

煮熟的鲜虾非常紧实，所以相对来说是比较好卷的食材。一次性做 12 个，在不断卷的过程中逐步熟悉方法。技术慢慢进步让人非常期待。

食材　12个份

【面胚食材】

高筋面粉	200g
盐	3g
砂糖	15g
黄油	15g
水	125g
干燥酵母粉	3g

【放入葡萄干·坚果容器的食材】

黑芝麻	6g

【成形时添加的食材】

鲜虾（黑虎虾）	12 尾
披萨用乳酪	60g

【装饰食材】

色拉	适量

准备篇
开水焯虾

虾带壳用开水焯，完全冷却后，再剥去虾壳。

切开后是这种感觉

完整的放入一尾大虾，奢侈感满满。即使面包的尺寸比较小，口感也非常好。黑芝麻的味道和鲜虾的味道非常搭。

做法

1 制作面胚

将【面胚食材】放入面包箱，黑芝麻放入葡萄干·坚果容器中。参考"面包机的设定"进行设定，然后启动。程序完成后，取出面胚，用手轻轻按压排出气体，切分成 12 个后搓圆，再盖上湿布醒面 8 分钟。

2 成形

①用手轻轻按压面胚排出气体，然后将面胚整平。

②在面胚上放上煮熟的鲜虾，使虾尾巴露出来，然后放上 5g 披萨用乳酪，再包裹好。

包裹鲜虾的关键

面包从下往上聚拢着包裹。沿着鲜虾的形状就能包好。

③牢牢按压住封口，将封口朝下放置在铺有烘焙纸的烤板上。同样方法再做 11 个。

3 发酵

将烤箱的发酵功能设定到 40℃，发酵 30 分钟。

4 润色后烤箱烤制

①取出烤板，将烤箱预热设定为 180℃。使用刀腹在面胚中间划口子，直至可以隐约看到虾为止。

②在切口上挤上色拉。预热完成后，放在烤箱中烤制 14 分钟。

每个人都可以完美做出
令人怀念的味道!

炒面面包
"Fried Noodles Bread"

食材 4个份

【面胚食材】

高筋面粉	200g
盐	3g
砂糖	10g
黄油	10g
海青菜	1 小勺
红姜（切碎末）	10g
水	135g
干燥酵母粉	3g

【成形时添加的食材】

炸猪排辣酱	4 小勺
炒面（市场有售）	200g

面包机的 **设定**
<基本操作参考P.10>

菜单号	13（面包面胚）
葡萄干	无

做法

1 制作面胚

将【面胚食材】放入面包箱。参考"面包机的设定"进行设定，然后启动。程序完成后，取出面胚，用手轻轻按压排出气体，切分成4个后搓圆，再盖上湿布醒面8分钟。

2 成形

①用手轻轻按压面胚排出气体，用擀面杖抻展成直径14cm的圆形，留1cm左右的边缘，在面胚上半部涂上1小勺炸猪排辣酱。

②在辣酱上放上50g炒面。

③将面胚对折，牢牢捏住封口。

④把面胚放在砧板上，用刀在外圈一侧划出3个长3cm的切口。再把面胚放在铺有烘焙纸的面板上。同样方法做3个。

3 发酵

将烤箱的发酵功能设定到40℃，发酵30分钟。

4 在烤箱中烤制

取出面板，将烤箱预热设定为180℃。预热完成后，用烤箱烤制13分钟。

家常菜面包必需品
[炒面]

炒面面包是家常菜面包的王道。一般采取刚烤制好的纺锤形面包夹着炒面的方式，这次我们将炒面和面包面胚一起烘焙。炒面在烤箱烤制过程中水分蒸发，变得干燥。再在面胚上涂上辣酱调整。

松软的烤馅饼
用平底煎锅烘烤

烤馅饼
"Oyaki"

面包机的 **设定**
<基本操作参考P.10>

菜单号	13（面包面胚）
葡萄干	无

食材 6个份

【面胚食材】

全麦粉	200g
盐	4g
砂糖	10g
香油	10g
山芋（磨成泥）	50g
水	95g
干燥酵母粉	3g

【成形时添加的食材】

芜菁腌	120g
乳花干酪（小粒）	12个（96g）

③用手轻轻拍打面胚压平，然后放在铺有烘焙纸的面板上。同样方法再做5个。

做法

1 制作面胚

将【面胚食材】放入面包箱。参考"面包机的设定"进行设定，然后启动。程序完成后，取出面胚，用手轻轻按压排出气体，切分成6个后搓圆，再盖上湿布醒面8分钟。

2 成形

①用手按压数次排出气体，然后整平，在面胚中央放上20g切为3cm的芜菁，2个（16g）用手指轻轻压碎的乳花干酪。

②将面胚从下往上聚拢包裹，牢牢捏住封口。

3 发酵

盖上湿布，在室温状态下发酵10分钟。

4 用平底煎锅烤制

①用中火加热平底煎锅，封口朝上，两个一起放入烤制，烤成焦黄后翻面。

②加入3大勺水，盖上盖子蒸烤5分钟。过5分钟如果还残留水分，则拿下盖子控出水分。同样方法再烤4个。

49

和实物非常像的饭团面包
真的有加入米饭哦!

饭团面包（海带、干凤尾鱼、鳕鱼子）
"Onigiri Bread"

面包机的
设定
<基本操作参考P.10>

菜单号	13（面包面胚）
葡萄干	无

{ 里面放入的馅料也可以换成别的食材.
事实上饭团的固定搭配梅子也非常适合放入.
放入自己喜欢的馅料, 做成独创的饭团面包吧. }

食材　6个份

【面胚食材】

高筋面粉	160g
盐	2g
砂糖	8g
黄油	15g
冷饭	80g
水	110g
干燥酵母粉	3g

【成形时添加的食材】

< 干凤尾鱼酱 >

凤尾鱼片	6g
色拉	20g
酱油	5g
海带佃煮	30g
烤鳕鱼子	40g
软乳酪薄片	1.5 片
烤海苔	
（长 7×宽 4.5cm）	6 片
蛋液	适量

准备篇

《做干凤尾鱼酱》
在碗内放入干凤尾鱼、色拉和酱油, 混合后调味.

《切软化薄片乳酪》
将薄片乳酪（1.5 片）中的 1 片分成 4 等份, 1/2 片对半切分, 总计切分成 6 片.

做法

1 制作面胚

将【面胚食材】放入面包箱。参考"面包机的设定"进行设定, 然后启动。程序完成后, 取出面胚, 用手轻轻按压排出气体, 切分成 6 个后搓圆, 再盖上湿布醒面 8 分钟。

2 成形

①用手轻轻按压面胚排出气体, 用擀面杖抻成直径 10cm 的圆形。

海带　　　干凤尾鱼　　　鳕鱼子

②在 3 个面胚中央分别放入不同的食材。
【海带饭团面包】海带佃煮 15g、薄片乳酪 1 片。
【干凤尾鱼饭团面包】干凤尾鱼酱半份、薄片乳酪 1 片。
【鳕鱼子饭团面包】切成 4 等份的烤鳕鱼子 20g、薄片乳酪 1 片。

③将面胚 3 边朝中间折叠使面胚变成三角形, 然后牢牢按压封口。

④在海苔的表面涂上蛋液。

⑤将面胚封口朝下, 然后从面胚正面开始粘贴海苔一直贴到侧面, 成品要看起来像饭团。再将饭团面包放在铺有烘焙纸的烤板上。同样方法再做一个。

贴海苔的关键

海苔要像照片所示那样, 粘贴的末端在面胚的侧面。仔细确认不要粘贴到饭团背面了。因为在发酵过程中面胚会膨胀, 所以如果贴到背面的话, 粘贴海苔的面胚部分就会凹陷下去, 导致外观不好看。

3 发酵

将烤箱的发酵功能设定到 40℃, 发酵 30 分钟。

4 在烤箱中烤制

取出烤板, 将烤箱预热设定为 180℃。预热完成后, 在烤箱中烤制 14 分钟。

切开后是这样子的

咬一口, 猜猜里面放了哪些食材, 也令人很期待。
日式食材和乳酪的放入, 与面包非常搭。

发源于意大利的半圆形烤乳酪馅饼
乳酪丝滑，好吃到哭！

半圆形烤乳酪馅饼
"Calzone"

食材 2个份

【面胚食材】	
高筋面粉	170g
全麦粉	30g
盐	3g
砂糖	4g
橄榄油	20g
水	120g
干燥酵母粉	3g

【成形时添加的食材】	
番茄沙司	4 小勺
凤尾鱼	2 片
小番茄	4 个
黑橄榄（无核）	4 粒
乳花干酪	40g
披萨用乳酪	40g
意大利式荷兰芹	2 枝

面包机的
设定
<基本操作参考P.10>

菜单号	13（面包面胚）
葡萄干	无

{ 填入食材后，就牢牢按压面胚使空气排出，然后封口。
这样的话面胚边缘就变得容易折叠起来，也会呈现出漂亮的花纹。
品尝一下像披萨一样的松脆口味。 }

包裹

做法

1 制作面胚

将【面胚食材】放入面包箱。参考"面包机的设定"进行设定，然后启动。程序完成后，取出面胚，用手轻轻按压排出气体，切分成 2 个后搓圆，再盖上湿布醒面 10 分钟。

2 成形

①用手轻轻按压面胚排出气体，用擀面杖抻成直径 23cm 的圆形。

②在面胚下半部分涂上番茄沙司，放上撕碎的凤尾鱼片。

③去蒂然后分成 4 等份的小番茄 2 个、切成宽 5mm 厚薄片的黑橄榄 2 粒、乳花干酪 20g、披萨用乳酪 20g、意大利式荷兰芹 1 枝，将这些食材放在面胚上。

④对折。

⑤用手指轻轻按压面胚边缘然后仔细封口。

⑥将面胚竖着放，然后下端朝上折成三角形，再用手指牢牢按压。

⑦同样方法，将面胚稍稍往上拿起，斜着折叠。边用手指牢牢按压，边沿着面胚的曲线部分一点点折叠，做出花纹。

⑧最后上端朝下折成三角形，用手指牢牢按压，再将面胚放入铺有烘焙纸的烤板上。同样方法再做一个。

3 发酵

盖上湿布，室温状态下发酵 20 分钟。

4 在烤箱中烤制

取出烤板，将烤箱预热设定为 220℃。预热完成后，在烤箱中烤制 10 分钟。

切分后是这种感觉

半圆形烤乳酪馅饼的特征就是这个月牙形。因为尺寸比较大，所以用刀切着吃比较好。加入了大量软化乳酪的面包芯，看起来非常好吃。

洋葱片与啤酒
天生一对!

洋葱乳酪贝果面包
"Onion Cheese Bagel"

面包机的
设定
<基本操作参考P.10>

菜单号	13（面包面胚）
葡萄干	无

食材 4个份

【面胚食材】

高筋面粉	250g
乳酪粉	10g
盐	3g
砂糖	4g
水	175g
干燥酵母粉	2g

【成形时添加的食材】

洋葱片	
（市场有售）	24g
披萨用乳酪	48g

做法

1 制作面胚

将【面胚食材】放入面包箱。参考"面包机的设定"进行设定，然后启动。程序完成后，取出面胚，用手轻轻按压排出气体，切分成4个后搓圆，再盖上湿布醒面10分钟。

2 成形

①用手轻轻按压面胚排出气体，用擀面杖抻展成直径14cm的圆形，朝着面胚中心上下折叠然后粘紧，在中央放上6g洋葱片、12g披萨用乳酪。

②从身前开始一层一层地卷面胚，牢牢捏住封口。

③单手滚动面胚，抻展成25cm的棍状，再用手将一端压扁。

④用压扁的面胚一端将另一端包裹，牢牢捏住封口。

⑤用手滚动接口使其融合，再将面胚放在铺有烘焙纸的面板上。同样方法再做3个。

3 热水煮后，再烤箱烤制

①将烤箱预热设定为190℃。在锅中将水煮沸，然后面胚里外各煮15秒。

②将面胚放回铺有烘焙纸的面板上，预热完成后，用烤箱烤制15分钟。

杏仁的嚼劲让人赞不绝口。
这是一款仅一个就满足的主食面包。

干咖喱贝果面包
"Dry Curry Bagel"

食材	4个份

【 面胚食材 】	
高筋面粉	250g
咖喱粉	5g
盐	3g
砂糖	4g
水	168g
干燥酵母粉	2g

【 成形时添加的食材 】		
＜干咖喱＞		
洋葱 / 胡萝卜		各20g
黄油		10g
绞肉		100g
A	咖喱粉 / 砂糖各 1 小勺	
	调味番茄酱	1 大勺
	盐	1/4 小勺
杏仁		16 粒

准备篇 《制作干咖喱》

① 将洋葱、胡萝卜切碎。在平底煎锅放入黄油然后中火加热，再放入绞肉翻炒。　② 加入洋葱、胡萝卜，柔软后加入食材 A，再继续翻炒。完成后移至平盘中使食材完全冷却。

做法

1 制作面胚

① 参考第 54 页"洋葱乳酪贝果面包"的做法制作面胚。用手轻轻按压面胚排出气体，再用擀面杖抻展成直径 14cm 的圆形，朝着面团中间上下折叠粘紧，然后在面胚上放上 1/4 份干咖喱、4 粒杏仁。

② 从身前一层一层地紧紧卷面胚，再牢牢捏住后封口。

③ 单手滚动面胚，抻展成 25cm 的棍状，然后将一端压扁。再用压扁的一端面包裹另一端，牢牢封住。

④ 用手滚动接口使其融合，再将面胚放在铺有烘焙纸的面板上。同样方法再做 3 个。

2 热水煮后，再烤箱烤制

将烤箱预热设定为 190℃。在锅中将水煮沸，然后面胚里外各煮 15 秒，将面胚放回铺有烘焙纸的面板上。预热完成后，用烤箱烤制 15 分钟。

面包的豆知识
[贝果面包的松软口感]

通过先在沸水中煮熟，再在烤箱中烤制，使面胚外皮脆硬。这样就可以烤制出有着独特松软口感的贝果面包。

将香浓的咖喱
牢牢锁在里面

咖喱面包
"Curry Bread"

食材 6个份

【面胚食材】

高筋面粉	200g
干荷兰芹	5g
盐	3g
砂糖	15g
黄油	10g
鸡蛋	15g
水	110g
干燥酵母粉	2g

【成形时添加的食材】

< 咖喱 >

大蒜	1 瓣
生姜	1/2 片
旱芹	1/4 根
番茄	1/2 个
黄油	10g
绞肉	150g

	咖喱粉	1 大勺
	砂糖	1 小勺
A	番茄沙司	1 大勺
	盐	1/4 小勺
	黑胡椒	少许
水		100ml

< 咖喱面包的面衣 >

蛋液	适量
面包粉	适量

面包机的
设定
<基本操作参考P.10>

菜单号	13（面包面胚）
葡萄干	无

准备篇 《做咖喱》

①将大蒜、生姜和旱芹切成碎末，番茄切大块。在煎锅中放入黄油用中火加热，然后将大蒜、生姜放入翻炒。

②炒出香味后，放入绞肉，炒至熟透，再将洋芹菜、番茄、食材 A 的调味料和水加入，仔细混合。

③煮 5～10 分钟，直至水分煮干、产生粘稠物为止。

④将食材移到平盘中，使之完全冷却。

做法

1 制作面胚

将【面胚食材】放入面包箱。参考"面包机的设定"进行设定，然后启动。程序完成后，取出面胚，用手轻轻按压排出气体，切分成 6 个后搓圆，再盖上湿布醒面 8 分钟。

2 成形

①用手轻轻按压面胚排出气体，再用擀面杖擀成长 14×宽 10cm 的椭圆形。在面胚的上半部放上分成 6 等份的咖喱的一份，然后对折。

②为了使咖喱不漏出来，用手在面胚四周呈八字形按压。

③然后再牢牢捏住面胚边缘封紧。

④封口朝正下方拿起面胚。

⑤用手从上往下按压将面胚整平。捏住面胚两端整理形状，然后将面胚放入铺有烘焙纸的烤板上。同样方法再做 5 个。

⑥整个面胚上都涂上咖喱面包的面衣（蛋液、面包粉），再放入铺有烘焙纸的烤板上。

3 发酵

在室温状态下发酵 20 分钟。

4 润色后油炸

①将封口置于下面，两手一起按压，再用叉子扎 4 处孔。

②在 170℃的油中，表里各炸 1 分 30 秒。

油炸完成后是这种感觉

油炸之前用叉子在面胚上扎孔可以帮助排出气体，这样面胚会变薄，使做出来的成品即使是油炸的，口感很清爽。

将冷饭当作馅料放入
提升面包细腻而软糯的口感

俄式油炸包子
"Pirozhki"

食材 6个份

【面胚食材】

高筋面粉	200g
盐	3g
砂糖	16g
黄油	10g
番茄沙司	15g
水	115g
干燥酵母粉	3g

【成形时添加的食材】

<夹馅>

大蒜	1瓣
洋葱	30g
培根（薄片）	1片
香菇	1个
黄油	10g
绞肉	150g
冷饭	40g
番茄沙司	2大勺
白葡萄酒西洋醋	1小勺
盐	1/2小勺
黑胡椒	少许
水	120m

面包机的

设定

<基本操作参考P.10>

菜单号	13（面包面胚）
葡萄干	无

准备篇 （做夹馅）

①将大蒜、洋葱、培根和香菇切成碎末。在煎锅中放入黄油中火加热，再将大蒜放入翻炒。炒出香味后，将洋葱、绞肉、培根和香菇放入翻炒。

②变软后，将冷饭、番茄沙司、白葡萄酒西洋醋、盐、黑胡椒和水放入，然后仔细混合搅拌。

③大约煮 10 分钟，直至水分煮干产生粘稠物为止。

④照片上是煮熟的样子。将这个移到平盘中完全冷却。

做法

1 制作面胚

将【面胚食材】放入面包箱。参考"面包机的设定"进行设定，然后启动。程序完成后，取出面胚，用手轻轻按压排出气体，切分成 6 个后搓圆，再盖上湿布醒面 8 分钟。

2 成形

①用手轻轻按压面胚排出气体，用擀面杖抻成直径 12cm 的圆形。

②在面胚上部分放上分成 6 等份的馅料中的一份，然后对折。

③用手呈八字形按压面胚四周，以防止内陷漏出来。

④再牢牢捏住面胚边缘，然后将面胚放入铺有烘焙纸的烤板上。同样方法再做 5 个。

3 发酵

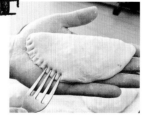
盖上湿布，在室温状态下发酵 20 分钟。

4 润色后油炸

①用叉子在面胚曲线部分按压，做出装饰花纹。

做花纹时的关键

用叉子按压面胚边缘时，如果面胚粘在手上的话，就在手上撒些高筋面粉，然后拿着面胚进行操作。

②在 170℃的油中，表里各炸 1 分 30 秒。

油炸后是这种感觉的

普通的俄式油炸包子香气扑鼻。因为面胚里面加入了番茄沙司，所以比起第 58 页的"咖喱面包"油炸成色更难观察。不要移开视线，频繁注意火的情况。

一口就让芝麻油的香醇
在口中蔓延开来。

鸡肉松长棍面包
"Minced chicken topping Stick"

面包机的
设定
<基本操作参考P.10>

菜单号	13（面包面胚）
葡萄干	无

食材 6个份

【面胚食材】

高筋面粉	200g
盐	4g
砂糖	6g
芝麻油	30g
水	125g
干燥酵母粉	3g

【成形时添加的食材】

<鸡肉松>

芝麻油	1 小勺
大蒜	1 瓣
鸡腿肉	150g
酱油	1 大勺
砂糖	2 大勺
酒	1 大勺
淀粉勾芡	
淀粉	2 小勺
水	2 大勺

放入螺旋状面胚的肉松！！

准备篇　《做鸡肉松》

①在煎锅中倒入芝麻油再中火加热，放入切成碎末的大蒜，翻炒至有香味后，加入鸡腿肉翻炒。

②翻炒至食材散开后，加入酱油、砂糖和酒然后翻炒，水分炒干后关火，然后加入马铃薯勾芡再混合搅拌。

③再次开火进行混合搅拌，然后移到平盘中使之完全冷却。

做法

1 制作面胚

将【面胚食材】放入面包箱。参考"面包机的设定"进行设定，然后启动。程序完成后，取出面胚，用手轻轻按压排出气体，然后搓圆，再盖上湿布醒面15分钟。

2 成形

①用手轻轻按压面胚排出气体，用擀面杖抻展成长25cm×宽20cm的长方形。在边缘留1cm，其他地方放上鸡肉松，从身前开始往外侧卷，卷完后牢牢压住面胚卷的接口处封口。

②将封口置于上方，然后将面胚按照竖长的形式翻转，用手轻轻按压折成三折。将面胚卷的接口放置于下方，然后盖上湿布，醒面5分钟。

③用擀面杖将面胚抻展成长23cm×宽16cm的长方形。

④用刮板竖着切6根。

3 发酵后在烤箱中烤制

将烤箱的发酵功能设定到40℃，发酵20分钟。发酵完成后，取出烤板，将烤箱预热设定为190℃。预热完成后，在烤箱中烤制13分钟。

擀面杖（应用篇）

学习了各种技巧后，烘焙技能提升一级。
可以使用擀面杖来制作各种各样的形状。
如做丹麦酥皮面胚，或者更大地抻展面胚等。
擀面杖要迅速且均匀地施加力度，这是成功秘诀。

橄榄香草面包

"Olive Fougasse"

橄榄的味道越嚼越浓郁。
法国南部的传统面包"普罗旺斯香草面包"。

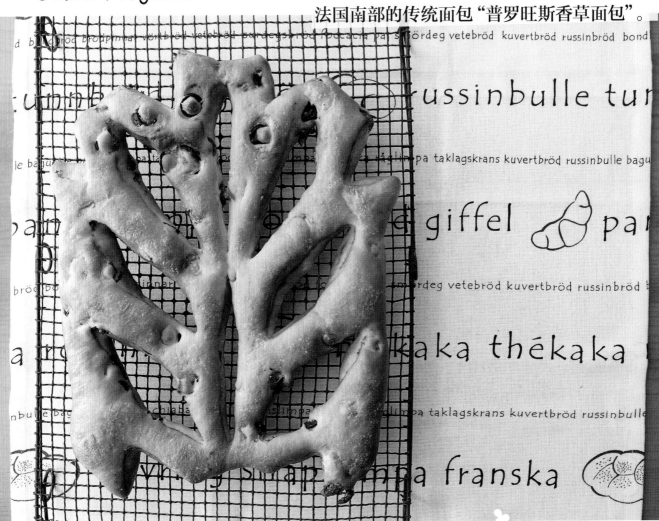

食材 1个份

【面胚食材】

法式面包专用粉	200g
盐	4g
砂糖	6g
橄榄油	40g
水	120g
干燥酵母粉	4g

【成形时添加的食材】

A	黑橄榄（无核）	20g
	绿橄榄（无核）	20g
	乳酪粉	2大勺
	干罗勒	1小勺

【装饰食材】

橄榄油	适量

面包机的

设定

<基本操作参考P.10>

菜单号	13（面包面胚）

葡萄干	无

预先准备

《切橄榄》
将黑橄榄、绿橄榄切成宽5mm的小片。

用擀面杖抻展面胚的时候，即使里面的橄榄透出来也没关系！这并不代表失败，而是代表抻展得很好，因此不要着急。打开烤箱看到成品面胚后，一定会让你大吃一惊。

擀面杖
< 应用篇

做法

1 制作面胚

将【面胚食材】放入面包箱。参考"面包机的设定"进行设定，然后启动。程序完成后，取出面胚，用手轻轻按压排出气体，然后搓圆，再盖上湿布醒面 15 分钟。

2 成形

①用手轻轻按压面胚排出气体，用擀面杖抻成长 25cm× 宽 20cm 的长方形，除 1cm 左右的边缘以外其他地方随意放上食材 A。

②上下部折叠，折成三层后，将面胚按照竖长的样子翻转，再三折。然后将面包卷的接口朝下，盖上湿布醒面 5 分钟。

③用手轻轻按压面胚，再用擀面杖抻成长 30× 宽 20cm 的长方形。

④在面胚中央用刮板竖着上下划 2 个口子，然后在口左右的面胚上斜着划 12 个口子，使面胚看起来像叶脉一样。

⑤将面胚轻轻地地放入铺有烘焙纸的烤板上，注意不要扯断了。然后展开切口。

展开切口的关键

烤制完成后，为了使叶脉的花纹更漂亮，需要展开切口。万一，在展开过程中，面胚断裂的话，不用慌张，将面胚和面胚再次粘合就行了。

3 发酵

将烤箱的发酵功能设定到 40℃，发酵 30 分钟。

4 润色后烤箱烤制

取出烤板，将烤箱预热设定为 200℃。预热完成后，在面胚上涂上橄榄油，再在烤箱中烤制 17 分钟。

切分的方法

普罗旺斯香草面包有着大叶片的形状，给人以极强的印象。切分时先竖着分成 2 份，然后再将两边的半份分成 4 等份，这样就成了方便食用的大小了。当然在切分之前也不要忘了给大家看面包的造型！！

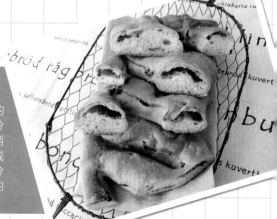

面包下面有真的番茄汤
在家品尝餐厅的味道

汤壶饭盒面包
"Soup Pot Bread"

面包机的
设定
<基本操作参考P.10>

菜单号	13（面包面胚）
葡萄干	无

食材 4个份

【面胚食材】

高筋面粉	100g
盐	2g
砂糖	2g
黑胡椒	1/2 小勺
水	63g
干燥酵母粉	1g

【成形时添加的食材】

＜番茄汤＞

主食面包切片（1cm厚）	1片
橄榄油	1 大勺
大蒜	1 瓣
熟番茄罐头　1罐（400g）	
水	400ml
清汤（方块状）	1 个
盐	1/2 小勺
黑胡椒	少许

里面是这种感觉

将松脆的馅饼面包浸泡在汤汁里品尝的俄罗斯料理——汤壶烧。这次我们搭配汤壶烧制作了汤壶饭盒面包。为了产生粘稠感，在番茄汤中加入了主食面包。除了主食面包，加入普通的面包也是可以的。另外没有搅拌器的话，可以将面包切碎放入，同样可以产生黏稠感。

准备篇　《做番茄汤》

①将主食面包分成6等份放入碗中，然后倒入水（份量外），浸泡10分钟左右。用手将面包中的水分拧干。

②在锅中倒入橄榄油中火加热，放入切碎的大蒜翻炒，炒出香味后将捣碎的熟番茄和水放入锅中。

③再放入肉汤、盐、黑胡椒和主食面包，沸腾后盖上盖子再炖约30分钟,然后关火。

④用搅拌器将主食面包打碎，搅拌至变顺滑。

做法

1 制作面胚

将【面胚食材】放入面包箱。参考"面包机的设定"进行设定，然后启动。程序完成后，取出面胚，用手轻轻按压排出气体，切分成4个后搓圆，再盖上湿布醒面8分钟。

2 成形

用手轻轻按压面胚排出气体，再用擀面杖将面胚抻展成稍比耐热杯直径大一圈的尺寸。在杯中倒入番茄汤，盖上面胚，然后再紧紧按压面胚边缘。

3 发酵

同样方法再做3个，将面胚放入烤板上，再盖上湿布，在室温状态下发酵15分钟。

4 在烤箱中烤制

将烤箱预热设定为190℃。预热完成后，在烤箱中烤制15分钟。

按压的关键

用力将面胚按压到杯子的边缘，杯子边缘可能会稍有些透，但是因为烘焙时面胚会膨胀，所以不用在意。

※本次使用了4个直径13cm的耐热杯。面胚则抻展成直径15cm的大小。根据杯子的大小面胚的量也需要改变，所以请自行调整。

慢慢地花时间精力
打造专业级的味道

肉馅丹麦酥皮面包
"Meat Danish pastry"

面包机的
设定
<基本操作参考P.10>

菜单号	13（面包面胚）
葡萄干	无

食材 4个份

【面胚食材】

法式面包专用粉	200g
盐	2g
砂糖	15g
黄油	15g
鸡蛋	10g
水	115g
干燥酵母粉	3g

【折叠面胚的食材】

<折叠黄油>

黄油（无盐）	80g

【成形时添加的食材】

<肉糜沙司>

	香菇	2片
A	洋葱	25g
	洋芹菜	10g
	维也纳香肠	1根
大蒜		5g
黄油		15g
橄榄油		2大勺
绞肉		50g
红葡萄酒		10ml
整个番茄		100g
水		50ml
月桂		1片
盐		2小撮
粗粒黑胡椒		少许
帕尔马干酪		1大勺

蛋液	适量
披萨用乳酪	40g

【装饰食材】

蛋液	适量

准备篇①

制作折叠黄油

用烘焙纸做一个12cm见方的正方形袋子。把黄油放入其中，再用擀面杖抻展成袋子大小，放入冰箱中冷却。

66

①将食材 A 和大蒜切碎末。在平底煎锅中加入黄油、橄榄油，用中火加热，再翻炒大蒜，散发香味后，加入绞肉翻炒。

②炒熟后加入食材 A，再倒入红葡萄酒，用大火翻炒至酒味消散。

③在锅中加入整个番茄、水、月桂，用中火煮 5～10 分钟，煮至粘稠。再加入盐、粗粒黑胡椒、帕尔马干酪，仔细混合。

④将食材移入平盘中使其完全冷却。

擀面杖
应用篇

做法

1 制作面胚

将【面胚食材】放入面包箱。参考"面包机的设定"进行设定，然后启动。程序完成后，取出面胚搓圆，盖上湿布醒面 15 分钟。用手轻轻按压排出气体，再用擀面杖抻展成 18cm 见方的正方形。用烘焙纸包裹好，装入塑料袋中，冰箱冷却 20 分钟。

2 制作折叠夹入面胚

①按照照片所示，在面胚上面放上折叠黄油。

②用面胚包裹黄油，再用擀面杖轻轻按压封口。

③在面胚上撒上强筋面粉（分量外），用擀面杖抻展成长 30cm× 宽 18cm 的长方形，再折三下。

④用擀面杖敲打折叠成三下的面团轮廓，再封口。

⑤用烘焙纸包裹面胚，放入塑料袋中冰箱中冷却 20 分钟。然后从冰箱取出面胚，按照③～⑤的步骤重复 2 次。

3 成形

①用擀面杖抻展成长 25cm× 宽 35cm 的长方形。在面胚最上面，左右边缘涂上蛋液，再在上部分以同等间距竖着把蛋液涂在三个地方。

②在没有涂蛋液的部分，放上 1/4 的肉糜沙司、披萨用乳酪。

③将面胚对半折叠，用手按压涂有蛋液的面胚部分封口。

④面胚轮廓各切掉 5mm 宽，然后将面胚切成 4 个。再将面胚放在铺有烘焙纸的面板上，用刀斜着划 2 个开口。

4 发酵

将切下来的面胚放在布丁杯模具中，一起放入烤板中。将烤箱的发酵功能设定到 35℃，发酵 30 分钟。

※ 这款面包发酵时无需增加湿度。

5 润色后烤箱烤制

取出烤板，将烤箱预热设定为 200℃。预热完成后，涂上蛋液，用烤箱烤制 16 分钟。

Pizza Variation

尽情享受
披萨的各种变形吧!

说起在聚会等场合大显身手的面包,那必然是披萨!!
因为使用了面包面胚,所以松松软软的很好吃。
将三种类型的披萨按照操作顺序都记住吧!

Step 3 拼盘 & 拼盘披萨

Step 1 淳朴披萨

Step 2 多配菜披萨

Step 1

淳朴披萨

【 食材 】 2块份

【披萨面胚食材】

高筋面粉	160g
全麦粉	40g
盐	4g
砂糖	10g
水	130g
干燥酵母粉	2g

【放在披萨上的配料】

披萨沙司(市场有售)	2大勺
萨拉米香肠(切薄片)	10片
番茄(切5mm薄片)	6片
乳花干酪	60g
披萨用乳酪	60g
罗勒	2片

面包机的
设定
<基本操作参考P.10>

菜单号	14(面包面胚)
葡萄干	无

※P.68~P.70的披萨都是参照这个设定。

【 做法 】

1 制作面胚

将【披萨面胚食材】放入面包箱。参考"面包机的设定"进行设定,然后启动。程序完成后,取出面胚,用手轻轻按压排出气体,切分成2个后搓圆,再盖上湿布醒面10分钟。

2 披萨面托的成形

①用手轻轻按压面胚排出气体,用擀面杖抻成直径21cm的圆形。

②将面胚放入铺有烘焙纸的烤板上,留2cm左右的边缘,用手指按压边缘以外的面胚部分,做出披萨的边。同样方法再做一个。

3 放入食材并在烤箱中烤制

① 除边缘以外的部分用叉子随意插孔。

② 在披萨面托上涂上 1 大勺披萨沙司，在上面放上 5 片萨拉米香肠、3 片番茄、30g 乳花干酪和 30g 披萨用乳酪。同样方法再做一个，在预热 200℃ 的烤箱中烤制 8 分钟。

首先制作淳朴披萨，从披萨的面托制作开始学习吧。

③ 烤制完成后在披萨中央各放上 1 片罗勒。

"Simple Pizza"

和 "Step1：淳朴披萨" 的制作方法一样。使面胚在室温状态下发酵，产生糯糯的口感。

"Many Toppings Pizza"

Step 2
多配菜披萨

食材 2块份

【披萨面胚食材】

高筋面粉	200g
盐	3g
砂糖	20g
黄油	20g
鸡蛋	10g
水	120g
干燥酵母粉	2g

【放在披萨上的配料】

色拉	3 大勺
小虾（煮熟）	10 尾
烤鳕鱼子	60g
芦笋	3 根
披萨用乳酪	60g
粗粒黑胡椒	少许

做法

1 制作面胚，完成披萨面托的成形

参考 "Step1：淳朴披萨" 制作方法中的步骤 1～2 制作面胚，再抻展成直径 19cm 的圆形，做 2 块披萨的面托。

2 发酵

在面胚上盖上湿布，室温状态下发酵 20 分钟。

3 放入食材后在烤箱中烤制

在披萨边以外的地方用叉子随意扎孔，然后在披萨上面放上 1.5 大勺色拉、5 尾小虾、30g 宽 1cm 的烤鳕鱼子、1.5 根竖着对半切的芦笋和 30g 披萨用乳酪，再撒上粗颗粒黑胡椒。同样方法再做一个，在预热到 180℃ 的烤箱中烤制 10 分钟。

Step3
拼盘 & 拼盘披萨

习惯了披萨面托的制作后，接下来就是应用篇。
试试将披萨装饰得可爱漂亮吧。

"Half & Half Pizza"

食材 2块份

【披萨面胚食材】

高筋面粉	100g
全麦粉	100g
盐	4g
砂糖	5g
橄榄油	20g
水	120g
干燥酵母粉	1g

【放在披萨上的配料】

< 鸡肉和乳花干酪披萨 >

鸡肉	120g
盐	1/2 小勺
胡椒	少许
白葡萄酒	1 大勺
A 色拉	4 大勺
咖喱粉	少许
乳花干酪	60g

< 什锦豆披萨 >

牛肉沙司（市场有售）	50g
什锦豆	32g
披萨用乳酪	40g

【装饰食材】

嫩生菜	适量

准备篇

烤鸡肉

煎锅用中火加热，放入使用盐、胡椒粉入味了的鸡肉，煎至两面焦黄。再倒入白葡萄酒盖上盖子，煎15分钟。等完全冷却后，将鸡肉切分成8等份。

做法

1 制作面胚

将【披萨面胚食材】放入面包箱。参考"面包机的设定"进行设定，然后启动。程序完成后，取出面胚，用手轻轻按压排出气体后，将面胚切分成重60g，然后再将面胚分成4等份，搓圆（面胚a）。剩下的面胚切分成2个搓圆（面胚b）。所有的面胚都用湿布盖上醒面8分钟。

2 披萨面托的成形

①面胚 a 参考第 17 页"维也纳香肠卷"的做法抻展成 20cm 的棍状。

②面胚 b 用手轻轻按压面胚排出气体，用擀面杖抻成直径 20cm 的圆形。

③在铺有烘焙纸的烤板上放上面胚 b，在边缘留 2cm 左右，边缘以外的地方用手指按压做出披萨的边。

④将 2 条面胚 a 交叉，放在圆形面胚的上面，用手指轻轻按压面胚 a 的边缘，将面胚分成 4 个部分。同样方法再做一块。

3 放上馅料

每个部分用各叉子随意扎 5 ～ 6 处孔，再在上面放上各种各样的食材。

【鸡肉乳花干酪披萨】

在面托的 2 个部分上各涂上 1 小勺混合食材 A 的馅料，然后在上面各放上 2 片鸡肉、15g 乳花干酪。

【什锦青豆披萨】

在剩下的 2 块面托上涂上分成 4 等份的肉糜沙司，各放上 8g 什锦青豆、10g 披萨用乳酪。同样方法再做一块。

4 在烤箱中烤制后润色

在预热到 220℃ 的烤箱中烤制 7 分钟，然后在什锦青豆披萨上放上嫩生菜。

对喜欢乳酪的人来说是绝对拒绝不了的美味！
可以享受乳酪风味的面包。

乳酪平烧面包
"Cheese Flattened Bread"

面包机的 设定

<基本操作参考P.10>

菜单号	13（面包面胚）
葡萄干	无

食材 2个份

【面胚食材】

高筋面粉	200g
盐	4g
砂糖	4g
橄榄油	10g
水	130g
干燥酵母粉	3g

【成形时添加的食材】

披萨用乳酪	60g
罂粟果实	适量

因为尺寸比较大，所以试试斜着切片吧！

做法

1 制作面胚

将【面胚食材】放入面包箱。参考"面包机的设定"进行设定，然后启动。程序完成后，取出面胚，用手轻轻按压排出气体，切分成 2 个后搓圆，再盖上湿布醒面 10 分钟。

2 成形

①用手轻轻按压面胚排出气体，用擀面杖抻成长 22cm× 宽 15cm 的椭圆形，在右半边放上 30g 乳酪。

②将面胚竖着对折，用手轻轻地按压，再用擀面杖抻展到 30cm 长度。

③在平盘中放入罂粟果。用毛刷在面胚的一面上涂水（份量外），再轻轻地将涂了水的面胚移到平盘中，随意沾上罂粟果。

④在面胚曲线一侧，距离边缘 1/3 的地方，划一个 16cm 的开口，再稍稍扩大开口。

3 发酵

将曲线另一侧的面胚穿过开口中，将没有沾罂粟果的背面露出来。同样方法再做一个。然后将烤箱的发酵功能设定到 40℃，发酵 30 分钟。

4 在烤箱中烤制

取出烤板，将烤箱预热设定为 210℃。预热完成后，在烤箱中烤制 15 分钟。

71

午餐面包

习惯了面包制作后，
在便当菜单的拿手好菜中加入
家常菜面包怎么样？
与便利店的家常菜面包和三明
治又有着不同的风味，可以愉快
地享受午餐。

本回使用的家常菜面包 & 便当盒

在便当盒当中放入了家常菜面包
后，接下来只是放入沙拉和水果，
就能变身为气派的便当了。让早
上制作便当的慌乱时间变得轻松
起来。如果面包比较大，不能完
全放入便当盒的话，就将面包切
分后再放进去。

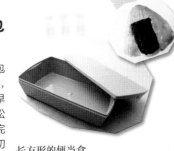

长方形的便当盒
粉红色更衬面包。
尺寸：W24×H5.5×D14.5cm
【使用的面包】
饭团面包（第50页）

用纸做的便当盒
因为是一次性的，所以野餐时
使用刚刚好。
尺寸：W17×H5×D10cm
【使用的面包】
维也纳香肠卷（第16页）

浓郁和风味道的圆形饭盒也和面
包很搭。
尺寸：W16×H5.8×D12cm
【使用的面包】
凤尾鱼开心果酱面包（第36页）
干咖喱贝果面包（第55页）

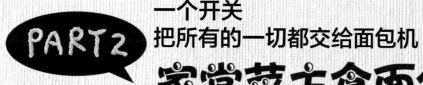

PART2

**一个开关
把所有的一切都交给面包机**

家常菜主食面包

将食材全部放入面包机后按下开关。4 小时后，热乎乎的家常菜主食面包就完成了。可以切薄了吃，也可以就这样撕碎了吃。
根据您的喜好选择吧!

玉米面包

揉入面胚的熟玉米粒只需要设定专用容器就可以自动放入面胚中。玉米粒也有各种各样的大小。这是只有面包机才能做出来的味道。

食材

【面胚食材】

	1斤	1.5斤
高筋面粉	250g	375g
盐	3g	5g
砂糖	20g	30g
黄油	25g	40g
水	140g	210g
干燥酵母粉	3g	4g

【放入葡萄干·坚果容器的食材】

熟玉米粒	50g	75g

※请将熟玉米粒完全控干水分后使用。

设定

面包机的 **设定**

<基本操作参考P.10>

菜单号	1（主食面包）
葡萄干	有
成色	标准

使用型号松下
SD-BMS104。

《面包机的使用方法》

PART2烘培的面包，放入食材后一直到烤制完成，都全部交给面包机。
约4小时后面包机蜂鸣，就代表烘培完成了。

做法

1 安装面包机搅拌片。

安装好面包箱附带的面包机搅拌片。

2 称量食材

将面包箱放在电子秤上，将显示屏设定为"0"，一个一个称量【面胚食材】，然后放入面包箱中。

3 将面包箱放入面包机中

除了干燥酵母粉以外的【面胚食材】都放入以后，将面包箱放回面包机。

4 将食材放入葡萄干·坚果容器中

关上中间的盖子，在"葡萄干·坚果容器"中放入熟玉米粒。

玉米面包中使用的面胚的食材

为了揉入大量的玉米，需要减少水分。
砂糖和黄油放得稍少一些，所以玉米的味道就会更突出。

水
使用自来水。使用矿物质水的话，如果是软水面胚就会变得很柔软，硬水的话面胚就会比较硬，所以需要调整。

砂糖
使用上等白糖。这样可以激活酵母粉的作用。如果有凝结体，敲碎后放入面包箱使用。

高筋面粉
有国产、外国产等很多种类。在本书使用了外国产小麦制作的"山茶""鹰"牌面粉。

黄油
黄油可以给面包提味，增加面包的延展性。无论使用无盐还是有盐黄油都可以做出好吃的面包。在本书中使用了有盐黄油。

玉米
使用熟玉米粒。不切碎直接放入葡萄干·坚果容器中。

盐
本书使用了餐桌用精盐。可以增加面胚的黏性。但是需要注意如果添加过多会导致面包膨胀性变差。

酵母粉
可以产生让面包膨胀的气体。使用了无需提前发酵的干燥酵母粉。

 注意点 面包机根据厂商和型号的不同功能会有差异。详细内容请参考面包机的使用说明书。本书刊登的全部是使用干燥酵母粉制作的面包。

烤制完成后，将面胚从面包箱中取出，放在蛋糕冷却器上冷却。

5 放入 干燥酵母粉

将干燥酵母粉放入酵母粉容器中。

6 启动

关上上面的盖子，按下"菜单第1号（主食面包菜单）"、"葡萄干：选择"，然后选择"有"加"普通"，然后启动。

7 交给面包机完成

面包机会自动混合面粉，自动放入玉米粒，完成发酵、烤制所有的步骤。

带有鳕鱼子粉色的
面胚非常可爱。

鳕鱼子乳酪法式面包
"Spiced cod roe Cheese French Bread"

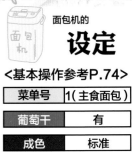

面包机的
设定
<基本操作参考P.74>

菜单号	1（主食面包）
葡萄干	有
成色	标准

食材

【面胚食材】

	1斤	1.5斤
法式面包专用粉	300g	450g
盐	4g	6g
砂糖	8g	12g
帕尔马干酪	20g	30g
水	210g	315g
干燥酵母粉	3g	4g

【放入葡萄干·坚果容器的食材】

鳕鱼子	50g	75g

做法

1 鳕鱼子用煎锅煎至熟透的程度后，完全冷却，切成宽1cm的大小。

2 将【面胚食材】放入面包箱，鳕鱼子放入葡萄干·坚果容器中。参考"面包机的设定"进行设定，然后启动。

和面包面胚很搭的食材
【鳕鱼子】

鳕鱼子和乳酪·黄油·色拉等一起使用的话，和面包非常搭。即使面包房也经常做"鳕鱼子法式面包"等家常菜面包来出售。和加馅面包·咖喱面包一样都是日本本土创造的面包。

乳酪的风味
衬托出干番茄的美味。

干番茄乳酪面包

"Dried Tomato & Cheese Bread"

面包机的
设定

<基本操作参考P.74>

菜单号	1（主食面包）
葡萄干	有
成色	标准

食材

【面胚食材】

	1斤	1.5斤
高筋面粉	250g	375g
盐	3g	5g
砂糖	10g	15g
橄榄油	10g	15g
披萨用乳酪	30g	45g
水	165g	247g
干燥酵母粉	3g	4g

【放入葡萄干·坚果容器的食材】

干番茄	20g	30g

做法

1 干番茄用热水浸泡后控干水分，切成宽 5mm 的小块。

2 将【面胚食材】放入面包箱，干番茄放入葡萄干·坚果容器中。参考"面包机的设定"进行设定，然后启动。

和面胚很搭的食材
【干番茄】

干番茄是意大利料理中不可或缺的存在，它和乳酪的匹配度尤为出众的。因为是干货，所以和日本的干香菇、干海带一样，比起新鲜的番茄，干番茄的味道要更紧紧地浓缩在一起，让人感受到浓郁的味道。

萨拉米香肠的咸味和坚果
的芬芳是黄金搭档!!

萨拉米香肠坚果面包
"Salami & Nuts Bread"

面包机的
设定
<基本操作参考P.74>

菜单号	1（主食面包）	
葡萄干	有	
成色	标准	

食材

【面胚食材】

	1斤	1.5斤
高筋面粉	250g	375g
盐	3g	5g
砂糖	15g	22g
黄油	15g	22g
萨拉米	30g	45g
水	175g	262g
干燥酵母粉	3g	4g

【放入葡萄干·坚果容器的食材】

杏仁	20g	30g
核桃	20g	30g

做法

1 将萨拉米香肠切成宽5mm的薄圆片，然后再切成丝。将杏仁、核桃放入煎锅中干炒，杏仁敲碎成8等份。

2 将【面胚食材】放入面包箱，杏仁、核桃放入葡萄干·坚果容器中。参考"面包机的设定"进行设定，然后启动。

和面胚很搭的食材
【萨拉米香肠】

萨拉米香肠是发源于意大利的干香肠的一种，在日本常作为披萨的食材。法国、意大利、匈牙利制作的萨拉米香肠尤其有名。通过加入面包中，可以增加熏制风味的美味度。

享受酥脆的乳酪。

培根乳酪顶级面包
" Bacon & Cheese Top Bread "

面包机的 **设定**

<基本操作参考P.74>

菜单号	1(主食面包)
葡萄干	有
成色	标准

食材

【面胚食材】

	1斤	1.5斤
高筋面粉	250g	345g
盐	2g	3g
砂糖	18g	27g
水	163g	244g
干燥酵母粉	3g	4g

【放入葡萄干·坚果容器的食材】

熟玉米粒	45g	67g

【装饰食材】

披萨用乳酪	40g	60g
培根	2片	

做法

1 培根切成宽 1cm 的厚度，然后用煎锅翻炒。

2 将【面胚食材】放入面包箱，培根放入葡萄干·坚果容器中。参考"面包机的设定"进行设定，然后启动。

3 在烘焙完成的 60 分钟前，打开盖子在上面放入披萨用的乳酪，然后等待烘焙完成。

和面包面胚很搭的食材
【披萨用乳酪】

家常菜面包中绝对不能缺少的就是披萨用乳酪。它很容易买到，也能用于其他料理中，非常方便。通过加热可以化得黏糊糊的，变得顺滑，作为装饰放在面包上再烤制的话，可以品尝到酥脆的口感。

味增的浓香甘甜带来新鲜的味道，这是一款和风家常菜面包。

味增黄油核桃面包

"Bean Paste Butter & Walnut Bread"

设定

面包机的

<基本操作参考P.74>

菜单号	1（主食面包）
葡萄干	有
成色	标准

食材

【面胚食材】

	1斤	1.5斤
高筋面粉	250g	375g
盐	2g	3g
砂糖	15g	22g
黄油	45g	67g
调和味增	30g	45g
水	160g	240g
干燥酵母粉	3g	4g

【放入葡萄干·坚果容器的食材】

核桃	40g	60g

做法

1 核桃用煎锅干炒。

2 将【面胚食材】放入面包箱，核桃放入葡萄干·坚果容器中。参考"面包机的设定"进行设定，然后启动。

和面胚很搭的食材
【味增】

当地面包中一定有"味增面包"。实际上味增和面包是非常搭的食材。这次使用调和味增，通过搭配黄油可以增加温和的味道，变成更适合面包的味道。

海苔干鲣鱼面包

"Dried seaweed & Dried bonito Bread"

面包机的

设定

<基本操作参考P.74>

菜单号	1(主食面包)
葡萄干	无
成色	标准

食材

【面胚食材】

	1斤	1.5斤
高筋面粉	250g	375g
盐	2g	3g
砂糖	10g	15g
黄油	10g	15g
海苔（20×18cm）	1片	1.5片
干鲣鱼	4g	6g
酱油	6g	9g
水	190g	285g
干燥酵母粉	3g	4g

做法

1 将海苔撕成 3cm 的方形。

2 将【面胚食材】放入面包箱，参考"面包机的设定"进行设定，然后启动。

和面胚很搭的食材
【干凤尾鱼】

虽然是给人很强和风印象的干鲣鱼，但是和面包也非常搭。干鲣鱼的美味成分中包含了大量的肌苷酸。可以煮出香浓的汤汁，所以即使减少其他的调味料的放入，也能品尝到完美的美味。

干鲣鱼的香味让人食欲倍增
一不小心就会吃撑了！

菠菜的淡绿色让人着迷
有着沙拉的口感

菠菜咸牛肉面包

"Spinach & Corned beef Bread"

食材

【面胚食材】

	1斤	1.5斤
高筋面粉	250g	375g
盐	4g	6g
砂糖	15g	22g
咸牛肉	30g	45g
菠菜	30g	45g
水	160g	240g
酵母	3g	4g

做法

1 将菠菜煮至柔软，然后切碎。

2 将【面包面胚食材】放入面包箱，参考"面包机的设定"，然后启动。

和面胚很搭的食材

【菠菜】

菠菜是一种富含叶酸·维他命A和铁的高营养价值黄绿色蔬菜。使用菠菜会使面胚稍稍带有绿色，面胚的外表也变得特别起来。因为生吃的话，会有独特的苦味和涩味，所以请一定煮熟后再食用。这款菠菜制作的面包，即使不喜欢吃蔬菜的孩子也能吃。

面包的基本搭配
做成三明治试试看

芥末维也纳香肠面包
"Mustard & Vienna Sausage Bread"

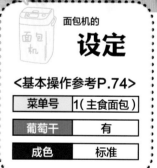

面包机的
设定

<基本操作参考P.74>

菜单号	1（主食面包）
葡萄干	有
成色	标准

食材

【面胚食材】

	1斤	1.5斤
高筋面粉	250g	375g
盐	4g	6g
砂糖	20g	30g
黄油	10g	15g
芥末粒	30g	45g
水	165g	247g
干燥酵母粉	3g	4g

【放入葡萄干·坚果容器的食材】

维也纳香肠	50g	75g

做法

1 将维也纳香肠切成宽 5mm 的薄圆片。

2 将【面胚食材】放入面包箱，维也纳香肠放入葡萄干·坚果容器中。参考"面包机的设定"进行设定，然后启动。

和面胚很搭的食材
【维也纳香肠】

无论是孩子还是大人都喜欢的维也纳香肠。是以热狗为代表的家常菜面包基本食材，市面上也有出售加入了辣椒、香草和大蒜的维也纳香肠，可以让人享受到味道的变化。

将蘑菇和咸牛肉放入翻炒后，接下来交给面包机就可以了。
直接炒食当然也非常好吃，但是只有刚烤制好的面包能够搭配出独特的味道。
畅想自己喜欢的搭配菜谱吧！

选择三种人气蘑菇
搭配咸牛肉做出西式风味。

蘑菇咸牛肉面包
"Mushroom Bacon Bread"

面包机的 **设定**
<基本操作参考P.74>

菜单号	1（主食面包）
葡萄干	有
成色	标准

食材

【面胚食材】	1斤	1.5斤
高筋面粉	250g	375g
盐	5g	7g
砂糖	20g	30g
黄油	20g	30g
水	160g	240g
干燥酵母粉	3g	4g

【放入葡萄干·坚果容器的食材】	1斤	1.5斤
咸牛肉（薄片）	50g	75g
香菇	15g	22g
丛生口蘑	15g	22g
灰树花菌	15g	22g

到处都可以看见切碎的蘑菇和咸牛肉。

做法

 将咸牛肉切成宽 1cm，香菇切成宽 5mm 的大小。丛生口蘑、灰树花菌分成小份。

 在平底煎锅中倒入 1 小勺橄榄油（分量外）、再翻炒咸牛肉、香菇、丛生口蘑和灰树花菌。完成后移到平盘中使其完成冷却。

 将【面胚食材】放入面包箱，三种菌菇和咸牛肉放入葡萄干·坚果容器中。参考"面包机的设定"，启动面包机。

与面包相配的食材

[蘑菇]

蘑菇是低卡路里，富含食物纤维和维他命 B、维他命 D 的食材。日本料理、西式料理、中国料理等各种料理都适合使用。这次使用了 3 种菌菇，但仅使用 1 种也可以。蘑菇和油非常搭配，使用橄榄油翻炒的话味道会更浓郁。尽情享受蘑菇的独特口感吧！

PART2

实用烹调法

将面包和小菜合体的家常菜面包
进行搭配的话就能使面包变身成其他的料理
而且，非常简单

**搭配鳕鱼子乳酪法式
主食面包。**

"法国吐司"

【材料】（2人份）

主食面包片（1cm 厚）2 片

	鸡蛋	1 个
A	牛奶	100ml
	盐	1/4 小勺
	粗粒黑胡椒	少许
色拉		2 小勺
火腿		4 片
披萨用乳酪		40g
干荷兰芹		少许

【做法】

①在碗中放入食材 A 仔细混合，再将
主食面包浸入其中。
②在煎锅中放入黄油（份量外）中火
加热，再放入主食面包烤制。
③当面包产生焦黄色后，翻一面，在
上面挤上色拉、放上 2 片火腿和披萨
用乳酪。然后盖上盖子，大约烤 3 分
钟直至乳酪融化，最后撒上干荷兰芹。

**搭配菠菜培根
主食面包**

"面包乳蛋饼"

【材料】（2人份）

主食面包片（5mm 厚）1.5 片

	鸡蛋	2 个
	鲜奶油	100ml
A	牛奶	100ml
	盐	1/2 小勺
	粗粒黑胡椒	少许
菠菜		30g
培根		1.5 片
披萨用乳酪		80g

【做法】

①将主食面包切分成 6 等份。菠菜煮熟
后切成 3cm 长度。煎锅用中火加热，然
后翻炒切成宽 1cm 的培根。
② 将主食面包铺满在涂
有黄油（份量外）的耐热
容器中。
③ 在碗中放入食材 A 混
合搅拌。
④ 在步骤②的容器中加入菠菜、培根、
步骤③的食材，然后放上披萨用乳酪。在
190℃的烤箱中烤制 20 分钟。

※本次使用了直径15cm*高5cm的耐热容器。

**挑战味增黄油核桃
主食面包**

"ラスク"

【材料】（2人份）

主食面包片（7mm 厚）	2 片
黄油	适量
酱油	适量
绿海苔	适量

【做法】

①将主食面包切分成 8 等份。
②在主食面包的表面涂上黄油、酱油，
撒上青海苔。在 150℃的烤箱中烤制
30 分钟。

这些方法在本回选出的
家常菜主食面包以外的
面包使用也是OK的。
尝试各种不同的主食面
包吧！！

86

自己手动完成面包
非常开心哦!

PART3 "要花点时间" 的
家常菜主食面包

将面包机做好的面胚取出来,成形后,再放入面包机烤制的家常菜主食面包。手工制作稍微有点花时间,但是可以分享到烹饪爱好者的烹饪法。

鲜虾味面包

用麦穗制作的鲜虾法式面包
可以使用面包机烘焙完成。
不一样的外观看上去很有趣。

食材

【面胚食材】

	1斤	1.5斤
高筋面粉	250g	375g
盐	4g	6g
砂糖	12g	18g
橄榄油	25g	38g
水	150g	225g
干燥酵母粉	3g	4g

【成形时添加的食材】

芥末粒	30g	45g
培根	4片	6片

面包机的 设定

<基本操作参考P.74>

菜单号	1(主食面包)
葡萄干	有
成色	标准

使用松下
SD-BMS104型
号。

《面包机的使用方法》

PART3 中，烘焙完成前成形，然后放回面包机烤制。
在放回面胚前，记得取下面包机搅拌片。

做法

1 计量，然后启动面包机

参考 P.74 进行计量，选择"菜单第1号（主食面包菜单）""成色标准"，然后启动。准备定时器，设定为烤制完成前 80 分钟左右响铃。

定时器的设定方法

按下启动键后，上盖上会显示烤制完成的标准时间。从那个时间开始往前倒推，再设定定时器。

※显示方法根据厂商和机型的不同会有差异，详细请参考使用说明书。

烤制完成前 80分钟

2 成形

①定时器响后，从面包机中取出面包箱，盖上盖子。再从面包箱中取出面胚，用擀面杖押展成长 23cm× 宽 18cm（1.5斤是长 25cm× 宽 20cm）的长方形。

②留 1cm 左右的边缘，其他地方涂上芥末粒，将培根均匀地撒在面胚上。

鲜虾味面包中使用的食材和道具

为了更接近法式面包的口味，搭配了稍多一些的盐。是一款和培根极搭的面胚。

砂糖
使用上等白糖。这样可以激活酵母粉的作用。如果有凝结体的话，敲碎后放入面包箱使用。

高筋面粉
有国产、外国产等很多种类。在本书使用了用外国产小麦制作的"山茶""鹰"牌面粉。

橄榄油
使用特级纯橄榄油。可以将面胚做得松脆可口，烤制得小巧可爱。

水
使用自来水。使用矿物质水的话，如果是软水面胚就会变得很柔软，硬水的话面胚就会比较硬，所以需要调整。

刀
用于切分面包面胚。小型菜刀就很方便。

成形的刀具

盐
本书使用了餐桌用精盐。可以增加面胚的黏性。但是需要注意如果添加过多会导致面包膨胀性变差。

黄油刀
用于涂抹各类酱类食材。

成形的食材

芥末粒

擀面杖
用于抻展面胚。诀窍是使用均匀的力度擀压。

面包烘焙垫
一般使用帆布材质的。面包机发酵的面包比手揉和的面胚要更柔软一些，所以成形的时候如果有面包烘焙垫就会很方便。也可以用砧板代替。

培根

酵母粉
可以产生让面包膨胀的气体。使用了无需提前发酵的干燥酵母粉。

成形要在 10 分钟之内迅速地完成。

3 用面包机烤制

③一层一层地卷，然后牢牢地按压面包卷的接口处封口，再用单手轻轻地滚动。

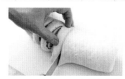

④将面包卷留 2cm 左右不切断，然后每隔 2cm 就划一个口子。

⑤将划口子的面胚抽出来左右相互交叉。

在取下面包机搅拌片的面包箱中，以面胚中间稍稍浮起的样子轻轻地放回面胚，再将面包箱放回面包机中，盖上上面的盖子然后继续烘培。

※使用松下SD-BMS104型号的面包机时，也可以制作菜单第10号的甜瓜面包系列。

加入了大量番茄和乳酪的
松软面包

番茄乳花干酪面包
"Tomato & Mozzarella Bread"

食材

【面胚食材】

	1斤	1.5斤
高筋面粉	200g	300g
盐	2g	3g
砂糖	20g	30g
黄油	20g	30g
番茄汁	135g	202g
干燥酵母粉	2g	3g

【成形时添加的食材】

干番茄	40g	60g
乳花干酪（小粒）	14粒（112g）	21粒（168g）

面包机的 设定
<基本操作参考P.74>

菜单号	1（主食面包）
葡萄干	无
成色	标准

预先准备
用热水泡发干番茄，控干水分，再切成宽5mm大小。

做法

烘焙完成前 80分钟

1 制作面胚然后发酵

将【面胚食材】放入面包箱，参考"面包机的设定"进行设定，然后启动。另外准备定时器，设定为在烘焙完成前80分钟响铃。

2 成形

①定时器响铃后，将面包箱从面包机中取出，盖上盖子。再从面包箱中取出面胚，用手边随意按压边抻成直径20cm（1.5斤是22cm）的圆形。

②将干番茄和乳花干酪随意地放在整个面胚上。

③面胚左侧朝着中心斜着折叠。

④同样右侧也斜着折叠，做成扇形，然后从下面开始一层一层地卷。牢牢抓住面包卷的接口处封口。

3 用面包机烤制

将面胚按照封口朝下的方式，放回取下面包机搅拌片的面包箱中。再将面包箱放回面包机，然后进行烤制。

家常菜面包的必需品
【乳花干酪】

乳花干酪是没有缺点的，且有着独特爵劲的乳酪。这次使用了1个8g的一口大小的类型。因为是小颗且圆圆的形状，放在面胚上时，用手指按压后，就会很容易包裹。

稍微烤制一下
会更好吃！

肉卷面包
"Meat Roll Bread"

面包机的
设定

<基本操作参考P.74>

菜单号	1(主食面包)
葡萄干	有
成色	标准

【食材】

【面胚食材】

	1斤	1.5斤
高筋面粉	200g	300g
盐	4g	6g
砂糖	8g	12g
黄油	30g	45g
橄榄油	20g	30g
水	130g	195g
干燥酵母粉	2g	3g

【放入葡萄干·坚果容器的食材】

黑橄榄（无核）	25g	38g

【成形时添加的食材】

牛肉沙司（市场有售）	90g	135g
披萨用乳酪	50g	75g

【做法】

1 制作面胚然后发酵

将【面胚食材】放入面包箱，切成宽5mm的黑橄榄放入葡萄干·坚果容器中。参考"面包机的设定"进行设定，然后启动。另外准备定时器，设定为在烘焙完成前80分钟响铃。

烘焙完成前 80分钟

2 成形

①定时器响铃后，将面包箱从面包机中取出。再从面包箱中取出面胚，用擀面杖抻成长25cm×宽20cm（1.5斤是长27cm×宽22cm）的长方形。

②在边缘留1cm，其他地方涂上肉糜沙司，然后从身体前方开始往外侧一层一层地卷，牢牢按压住面包卷的接口处封口。

③用刀切成4等份。

3 用面包机烤制

将面包并列放入取下面包机搅拌片的面包箱中，然后将面包箱放回面包机。

烤制完成前 60分钟

随意在面胚表面放上披萨用乳酪，然后烤制。

烤制完成后是这个样子的

最后撒上的足量乳酪融化后，看起来非常好吃！！因为是多配菜的面包，所以和其他面包相比较小。看起来就像火腿蛋糕。

黑芝麻的香味很突出。

每天都想吃、但绝对不会腻的搭配。

黑芝麻乳酪面包

"Black Sesame Cheese Bread"

面包机的 设定

<基本操作参考P.74>

菜单号	1（主食面包）
葡萄干	有
成色	标准

食材

【面胚食材】

	1斤	1.5斤
高筋面粉	200g	300g
盐	2g	3g
砂糖	20g	30g
黄油	30g	45g
鸡蛋	20g	30g
水	130g	195g
干燥酵母粉	2g	3g

【放入葡萄干·坚果容器的食材】

	1斤	1.5斤
黑芝麻	5g	7g

【成形时添加的食材】

	1斤	1.5斤
披萨用乳酪	50g	75g

烘焙完成后是这样子的

通过将面胚编成三股辫，乳酪会随意地从面胚中漏出来。表面的乳酪烤制后会酥酥脆脆地散发着香味，而里面的乳酪则依然保持温和的味道。可以尽情地品尝到乳酪的风味。

做法

1 制作面胚然后发酵

将【面胚食材】放入面包箱，黑芝麻放入葡萄干·坚果容器中。参考"面包机的设定"进行设定，然后启动。另外准备定时器，设定为在烘焙完成前80分钟使响铃。

④面包辫的尾巴塞入面胚内侧，粘紧后归拢在一起。

2 成形

烘焙完成前 80分钟

①定时器响铃后，将面包箱从面包机中取出，盖上盖子。再从面包箱中取出面胚，用擀面杖抻展成长23×宽20cm（1.5斤长25×宽22cm）的长方形。在面胚上以不漏出的程度随意放上披萨用乳酪，然后一层一层地卷。

②牢牢地按压面包卷接口处封口后，将面胚竖着摆放，留2cm左右的面胚不切，再用刀竖着划两个口子。

③将面胚编成三股辫。

⑤以面包中心浮起的样子，将面胚放回取下面包机搅拌片的面包箱中。

3 用面包机烤制

将面包箱放回面包机，然后进行烤制。

独特的造型引人注目。
地道的咖喱面包！

香辣咖喱面包
"Hard Curry Bread"

食材

【面胚食材】

	1斤	1.5斤
法式面包专用粉	250g	375g
盐	4g	6g
砂糖	8g	12g
黄油	10g	15g
水	168g	252g
干燥酵母粉	3g	4g

【成形时添加的食材】

	1斤	1.5斤
咖喱	全量	全量

（参考 P.57"咖喱面包"）

预先准备

做咖喱

参考 P.56"咖喱面包"的预先准备制作咖喱，做好后完全冷却。

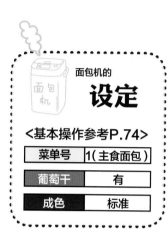

面包机的
设定

<基本操作参考P.74>

菜单号	1（主食面包）
葡萄干	有
成色	标准

做法

1 制作面胚然后发酵

将【面胚食材】放入面包箱，参考"面包机的设定"进行设定，然后启动。另外准备定时器，设定为在烘焙完成前 80 分钟时响铃。

2 成形

烘焙完成前 80分钟

①定时器响铃后，将面包箱从面包机中取出，盖上盖子。再从面包箱中取出面胚，用手轻轻按压排出气体，再用刮板切分成 6 个，然后搓圆。

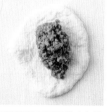

②用手轻轻按压面胚排出气体，再用擀面杖抻展成长 10cm× 宽 8cm（1.5 斤是长 12cm× 宽 10cm）的椭圆形，将分成 6 等份的咖喱放在上面。

※咖喱的份量可以根据喜好来调节。

③对折，然后紧紧按压封口。

④在面胚表面涂上橄榄油（份量外）。

3 用面包机烤制

将面包按照横竖交叉的三层式放入取下面包机搅拌片的面包箱中。将面包箱放回面包机，然后进行烤制。

烤制完成后是这样子的

通过将面包以横竖交错的形式放回面包箱，就能烘培出独特的造型。将咖喱包入面胚中时，注意面包的边缘不要沾上咖喱，这样烤制完成时就能保持表面不烤焦，漂亮地完成。

内容提要

当面包遇上家常菜，它们之间将会擦出怎样的美味火花呢？

跟随日本著名面包烘焙大师荻山和也一起，用家常菜和调料、最简单易学的手法，来烘焙面包吧！美味又营养！

家常菜面包完全符合亚洲人的饮食习惯，在主食上以咸味为主调，让西式面包有了家常菜的味道。烘焙全家都满意的主食，让众口不再难调。

北京市版权局著作权合同登记号：图字 01-2015-1536 号

OGIYAMA KAZUYA NO HOME BAKERY DE TANOSHIMU MAINICHI NO OSOUZAI-PAN

Copyright ©TATSUMI PUBLISHING CO.,LTD.2012

All rights reserved.

First original Japanese edition published by TATSUMI PUBLISHING CO.,LTD.

Chinese (in simplified character only) translation rights arranged with TATSUMI PUBLISHING CO.,LTD.

through CREEK & RIVER Co., Ltd. and CREEK & RIVER SHANGHAI Co., Ltd.

图书在版编目（CIP）数据

妈妈的面包机：家常菜面包烘焙 /（日）荻山和也著；
曹惊喆等译 . — 北京：中国水利水电出版社，2016.1

ISBN 978-7-5170-3579-4

Ⅰ . ①妈… Ⅱ . ①荻… ②曹… Ⅲ . ①面包—烘焙
Ⅳ . ① TS213.2

中国版本图书馆 CIP 数据核字 (2015) 第 207587 号

策划编辑：杨庆川 曹亚芳　责任编辑：杨庆川　加工编辑：曹亚芳　封面设计：梁燕

书　　名	妈妈的面包机：家常菜面包烘焙
作　　者	【日】荻山和也 著　曹惊喆等 译
出版发行	中国水利水电出版社
	（北京市海淀区玉渊潭南路 1 号 D 座 100038）
	网　址：www.waterpub.com.cn
	E-mail：mchannel@263.net（万水）
	sales@waterpub.com.cn
	电　话：（010）68367658（发行部）、82562819（万水）
经　　售	北京科水图书销售中心（零售）
	电　话：（010）88383994、63202643、68545874
	全国各地新华书店和相关出版物销售网点
排　　版	北京万水电子信息有限公司
印　　刷	北京市雅迪彩色印刷有限公司
规　　格	210mm×260mm　16 开本　6 印张　146 千字
版　　次	2016 年 1 月第 1 版　2016 年 1 月第 1 次印刷
印　　数	0001—8000 册
定　　价	39.00 元